U0322221

生活高参的108条幸福妙计

程 珺 主编

农村读物出版社

图书在版编目（CIP）数据

生活高参的108条幸福妙计 / 程珺主编. — 北京 ：
农村读物出版社，2012.2
（小日子）
ISBN 978-7-5048-5565-7

Ⅰ．①生… Ⅱ．①程… Ⅲ．①生活－知识－通俗读物

Ⅳ．①TS976.3-49

中国版本图书馆CIP数据核字(2012)第017762号

策划编辑	黄 曦	
责任编辑	黄 曦	
出 版	农村读物出版社（北京市朝阳区麦子店街18号　100125）	
发 行	新华书店北京发行所	
印 刷	北京三益印刷有限公司	
开 本	787mm×1092mm　1/24	
印 张	5	
字 数	120千	
版 次	2012年3月第1版　2012年3月北京第1次印刷	
定 价	26.00元	

（凡本版图书出现印刷、装订错误，请向出版社发行部调换）

婚姻幸福、居家安康、职场高升、学业有成，要想把生活中的这些幸福指标一一实现，都需要努力与运气的全盘配合，这其中自然少不了家居风水的帮忙。

事实上，风水开运的学问并不高深，生活习惯、居室摆设的巧妙设置，都会微妙地改变着生活环境，影响着我们的身体健康与心理状态，从而成为决定人生幸福好运的关键因素；开运的学问也并不神秘，它无时不在、无处不有，与生活的方方面面都息息相关，只要稍加留心，在生活习惯和家居摆设上遵循气场与能量的规律，就能收到良好的效果，获得令人艳羡的好福气。

懂得幸福开运的学问，就能在生活中的各个方面如鱼得水、平安顺利。大好姻缘，能通过婚房与婚品的摆放给爱情加温；置业乔迁，选一间地势旺盛、格局方正的雅居能带来好财运；家居装修，每一间房间的巧妙摆设都与运势相关；日常饮食，有针对性的食材与食谱能给你带来好运；职场事业，熟谙开运妙计才能让你步步高升。

总之，懂得生活中与运势相关的种种妙计，你就能顺风顺水，获得最美满的幸福。

序

目录

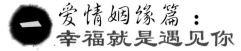

一 爱情姻缘篇：幸福就是遇见你

A：结婚进行时的幸福妙计

B：结婚以后的和谐妙计

二 置业乔迁篇：趋吉避凶乐安居

A：雅居大环境妙计

三 家居装修篇：
福星高照小爱巢

四 职场事业篇：风生水起迎财运

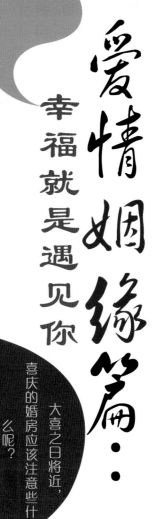

爱情姻缘篇：

幸福就是遇见你

大喜之日将近，喜庆的婚房应该注意些什么呢？

怎样做才能让自己的爱情更加牢固？

为什么婚后的生活总是容易发生口角？

在爱情姻缘中，总有无数揪心的小问题让人烦恼不已。其实，这时你只要重新审视一下生活的四周，做一些小小的调整，一切都会变得豁然开朗，你就会发现，拥有幸福的婚姻生活感情生活就能变得顺利很多，原来如此简单。

结婚进行时的 A 幸福妙计

结婚是人生中最幸福的时刻之一，
意味着两人的感情进入到一个新的阶段。如果这个时候能够注重周围的风水摆设，
规避某些禁忌，对两人今后的感情会非常有帮助。
而家庭如果处于和睦的状态，那么财运也会相应增加。

① 新婚燕尔的开运彩妆魔法

走入婚姻的殿堂，新婚燕尔的你自然要让妆容为感情加温。怎样的妆容才能既显得美丽动人，又能给这婚姻带来喜气呢？

开运彩妆描画重点

底妆精致。底妆完美精致，没有半点瑕疵，能让对方感受到你散发出来的优雅气质。

眉妆清晰。眉妆在自然柔和之余，还要非常清晰，在眉头前端可以稍微加重一点颜色，晕染一下，眉峰要往上扬。

眼妆淡雅。眼妆应走清新自然的路线，如果眼神本身比较犀利，建议佩戴一副仿真假睫毛，增加温柔感，这样能激起男性的保护欲。

唇妆润泽。双唇充满了莹润的光泽，还带有淡淡的粉色，给人很有朝气的感觉，这可是回头率极高的妆容。

魔法细节。在太阳穴、两颊中心、下巴这三个地方，可以涂抹上银色或者珍珠色的高光粉，这三个部位是感应度超强的接受点，是重要的"爱情穴"！

开运彩妆颜色选择

粉红色。可以增强好气色，给整体带来活泼感，给你们的爱情增添一份浪漫情怀。

玫瑰色。有很强的视觉刺激感，能够增加对方的心理冲动，让对方想跟你在一起。

绿色。给人的感觉非常舒服和清新，还能缓解疲劳，可以提升两人对感情的温存质感，帮助在新婚期的两人感情升温。

> 开运达人问答

Q：描画时，应以轻柔为佳，还是以显色为佳？

A：在描画时，不要刻意去强调每一种颜色，这样只会显得不自然，而且化妆的痕迹很重。淡淡地扫上几笔，看起来更为让人安心和富有魅力。描画过重或者颜色过于强烈，只会让人心情烦躁。

② 完美婚房，幸福爱情的第一层地基

新婚之时，前来贺喜的亲朋好友络绎不绝，这个时候要将房间装饰出温馨甜蜜的感觉，不仅自己会非常有成就感，还会让宾客获得一种宾至如归的感受，那么，完美的婚房应该从哪些方面着手呢？

客厅布置要实用

客厅最好居于从室外进门后的前半部分，这样有助于吸纳从大门进入的阳气，同时保证客厅气流通畅。从装修上来看，客厅不仅要考虑到新婚需要的喜庆气氛，同时还应顾及到风格和居住舒适度。

卧室营造温馨甜蜜感

卧室是婚房布置的重要地点，既要在装修中突出两个人的个性，还要营造出温馨甜蜜的滋味。在墙壁色调的选择上，不要选用阴暗的颜色，以免产生压抑之感。在软装时要尤其注重窗帘、婚床、床品的选择，可选择喜庆浪漫一点的样式。

客房设计要灵活

对于刚刚喜结连理的80后小夫妻来说，婚房的房型大多以紧凑的两室一厅为主，除了主卧，另外一间房要么作为客房，要么就作为书房；需注意的是，无论怎么设置，家具的布置不能太过笨重或全固定，一定要摆放灵活，这样更方便适宜新变化，因为这间房将来很可能成为儿童房。

餐厅要有亮色

餐厅也是一个制造浪漫的地方，为了配合新婚大喜，不妨在餐桌上摆放一瓶红酒和几个水晶玻璃杯，以象征两人以后的生活更加甜蜜红火。此外，餐厅的能量主要来自于食物，为了增进两人的运程，在装修中餐厅可采用亮色装潢，增加火行的能量，让两人将来运气更"旺"。

厨房布置要实用

新婚过后，两人将面临实际的生活，因此，厨房的装修尤其不能马虎，该有的烹饪设施都应该齐全，即便现在没有添置计划，也要为将来的使用腾出空间。需注意的是，像刀具这类物品，最好收纳在橱柜中。

最完美的婚房
好运搭配色

结婚是人生最为重要的时刻之一，对于很多80后的时髦小夫妻而言，在婚房的装饰中比较喜欢颠覆传统路线，在室内颜色搭配上注重效果和个性，不过在婚房颜色搭配上有一些风水忌讳还是要注意下，以免犯忌破坏了将来的幸福生活。

◉ 红色切勿使用太多

在结婚这种喜庆活动中，红色一直占据着相当重要的位置。在婚房装饰中，红色在风水中五行属火，虽然能让人感觉到热情、活力、吉祥和忠诚等氛围，但带有比较强烈的刺激感，长时间接触红色，会让人出现受压焦躁感，不利于休息。因此，在婚房的色彩搭配上，红色放在点睛之处即可，如沙发上放几个红色抱枕，主卧用红色的寝具，门上贴一些招贴画即可，其他地方则不宜大幅度使用红色。

◉ 婚房完美配色，提升好运

婚房的配色一来要突出喜庆感，二来是为了让将来的生活更加愉快，如果配色效果不佳，往往还会影响运程。

白色作底增感情。白色属金，临结婚之时的夫妻感情最为甜蜜，但日后的生活会慢慢趋于平淡，因此在婚房的装修中，还是要适量使用白色。白色是能够促进人际关系的颜色，更有利于两人的感情发展。

增加蓝色增财运。蓝色在五行之中属水，从风水学的角度看，水是财的象征，新婚夫妇如果想增加财运，在婚房中除了要有红色和白色，还应适量使用一些蓝色，比如在客厅正北方摆放一个淡蓝色的花瓶，或者挂画。

贵气黄色增阳气。黄色一直是富贵的象征，在家里装点一些黄色，不仅可以增加室内的阳气，还能让两人的运程更旺，如摆放黄色水晶，或者使用黄色的寝具，会让新婚后的家庭更加和谐安宁，夫妻之间也少口角、少是非。

④ 四大必备单品，打造你的喜庆爱巢

虽然各地的结婚风俗不尽相同，摆放的物品也会有所区别，但是四大通用单品，却是喜庆婚房的必备要素。这四大单品在提升两人幸福感之时，也是非常吉祥的风水摆件。

● 大红喜字

在结婚时，家里的门帘上、窗户上一定要贴上大红的"喜"字，象征喜事的来临，两人的百年好合，趋吉辟邪。除此之外，在家用电器、果盘、床上用品、台灯、镜子上也可以辅以小"喜"字来装饰一下。

● 床上用品

床上用品一般选择大红色为佳，象征两人甜甜蜜蜜的感情。床上用品通常选择十二件套，即四床被子、四床褥子、一对枕头、一对腰垫。有条件的情况下，床上用品可以选择丝质面料绸缎。

● 美丽鲜花

鲜花是婚房里必不可少的装饰品，在带来芬芳之时，还能给宾客带来惬意的观感。通常红色或者白色的玫瑰花都是不错的选择。花束的数量可以选择9朵，象征两人坚定的爱情；或12朵，

代表两人心心相印；或20朵，代表此情不渝。

● 婚纱照

婚纱照代表了两人甜蜜的感情，摆放在玄关或者客厅、主卧合适的墙面都是不错的选择，同时也能给来访的宾客欣赏，让这种幸福的新婚喜悦在室内流淌，将喜气传达给他人。

⑤ 五大风水饰品，提升婚房幸福指数

婚房的风水摆设与两人将来的感情关系最为密切，如果要享受高质量的婚姻生活，或者让两人的感情更为融洽，那么，你一定不要忽视以下最能帮你提升幸福感的五大风水摆件。

⊕ 剔透的水晶

晶莹剔透的水晶是很多新娘子的最爱。在婚房中添置水晶饰品，不仅能增加新婚之夜的浪漫气氛，同时还有助于吉祥之气的流通。

摆放紫色水晶。对于新婚的小夫妻来讲，最适合在床头摆放紫色的水晶来促进两人感情，让婚姻长长久久保持甜蜜。

搭配貔貅摆放。如果想让水晶发挥的效果再强大一些，还可以搭配貔貅一起摆放，带动新婚夫妻的财运。

搭配吉祥物摆放。如果追求生活的和谐度，可以将水晶与麒麟、鸳鸯、狮子、龙凤等吉祥物品一起摆放，可以让家里的氛围变得更加温馨。

⊕ 仿古的物品

仿古的物品会给婚房带来一丝典雅的情调，同时给新婚的家庭带来宁静的气息，仿佛让人走入了历史的长河之中。

当然，这样的物品无须摆放太多，宫廷复古感的床前灯、精致的化妆盒、做旧的烟灰缸，都能起到增进双方感情以及聚集财富的作用。

⊕ 光洁的镜子

对于婚房来说，镜子是一项不可或缺的装饰品。新婚之时，两人照照镜子，看着镜子中映出的一对甜蜜的脸，两人的感情也会加倍提升，让新婚的家庭更加顺畅、和美。如果进门就能看到窗户，建议在附近合适的位置安装一面平面镜，这样能够让新婚夫妇在生活中保持平和的心态，更有利于新婚家庭的和谐美满。

⊕ 方形的挂钟

钟表是婚房必备的饰品之一，也非常具有灵气。在时钟滴答滴答的行走中，这种无形之间的气场流动能够带走旧的运势，迎来祥和的气息。

不要选圆形的挂钟，圆形的钟会使宅内的人不安于室内，两人容易出现感情问题。最好购买方形的挂钟，这种样式能够让家里的气氛更加和谐。

❂ 富有魅力的艺术品

婚房中摆放艺术品，有利于营造出一种温馨和谐的家居氛围，尽量选择角度柔和的艺术品。

 成双成对，婚房摆设的摆放规律

婚房里应该有怎样的摆设才能吉祥如意、长长久久呢？一般来说，成双成对的东西是不可缺少的。此外，象征着圆满的物件也可以多摆放一些哦！

❂ 成双成对的摆件不可缺

最好将家里单个摆放的玩偶换成成双成对的东西，比如一对吉祥如意的爱情鸟，一对营造爱情浪漫氛围的金童玉女，或者是一对造型简单的亲吻鱼，正所谓好事成双，和合美美。

❂ 圆圆的物件多摆放

圆形是一种看起来简单，但又富有无穷奥妙的形状，代表着圆满、柔和、生生不息。除挂钟等特殊物品有特殊要求外，一般婚房摆设的物件还是应该以圆形为佳。

❂ 摆放鲜花助好运

鲜花对婚姻有比较好的助运效果，但一定要勤于换水和裁剪，让其保持鲜活的生命力。注意不宜选用干花或假花，没有生命力的花对于婚姻运程是不利的。

结婚以后的 和谐妙计

婚后的生活会趋于实际，
两人的感情也慢慢进入到平淡的阶段，如何找回之前的浪漫感觉，
让对方更爱你呢？除了要有平和的好心态之外，你还可以利用一些风水窍门，
巧避感情难题，让两人的感情更加和睦甜蜜。

⑦ 结婚照巧摆放，给爱情加温

恩爱的年轻小夫妻，怎么能少得了一套卿卿我我的结婚照？在生活中，你一般会将结婚照摆放在什么地方呢？要知道，结婚照的摆放位置会直接影响夫妻双方的感情哦。

⬤ 结婚照摆客厅为上选

客厅是接待客人的首要场所，同时主人的个性以及爱好也主要体现在客厅的装饰和物品摆放上。在客厅里面摆放结婚照，是两人美好感情的象征，也表现了丈夫对太太的尊重。同

时从风水学的角度上看，客厅摆放两人结婚照是比较喜庆吉祥的，能够冲淡家里的晦气，更有利于两个人的感情。

⬤ 卧室床头也是好地方

卧室的床头代表坐山，结婚照摆在这里代表两人有着良好的感情生活。需注意的是，结婚照不能摆在与坐山相对的位置，因为这个地方向水，摆在这里两人以后会出现金钱上的矛盾。

❯ 开运达人问答

Q:除了结婚照，两人的合影摆放在家里能有助于双方的感情吗？

A:在家里摆放两个的合影是不错的选择，虽然就甜蜜感和喜庆感上面来说，不及结婚照，但是从两人的合影中仍然能够看到夫妻双方恩爱的一面。在家里摆放两人的合影，会让对方时时刻刻留意到彼此的信息，无形之中也增加了两人的婚姻运。

⑧ 卧室风水左右 小两口的甜蜜生活

从阳宅风水学上来讲，卧室风水的好坏与夫妻小两口的感情生活最为相关。如果想要获得完美的婚姻生活，或是让婚后的两人感情更为融洽，尤其不能忽视卧室的风水，下面不妨先来检视一下婚后你的卧室风水是否及格！

🌐 卧室格局要方正

主卧格局的好坏就是感情的"投影仪"，越方正的格局，气场越稳定，感情发展越平稳，两人都会处在一种平等而和谐的感情生活中。

而如果你的卧室并非标准的方正格局，那么只有借由物品的布置，让房间"看起来"是一个方正的格局。如比较狭长的卧室格局，建议设置屏风做隔断，做一个很好的区间分隔；如果卧室有缺角，建议在有缺角的地方用五行顺生理论来处理，有时可以装设镜子来化解。

卧室的光线很重要

卧室是一个非常私密的空间，如果没有阳光照射进来，或者室内光线阴暗，都会导致夫妻之间产生间隔，使越来越多的误会无法化解，两人也不愿意同对方交心。

建议选择有阳光照射进来的房间作为两人的卧室，这样对夫妻双方的感情和稳定有比较积极的作用，但阳光直射光照太强也不行。

卧室睡床别靠窗

卧室里有窗户不仅对光线有提升，还能增加室内的通风性。不过在摆睡床的时候，不要靠着窗户，留有一个小空距为佳；床头也不要对着窗户，否则窗外的煞气直冲，晚间睡觉时可能会受到窗外磁场的干扰，长此以往还会影响两人的感情。

建议睡床的摆放与窗户呈平行的状态，在晚间睡觉时要注意拉上窗帘，这样可以阻挡晦气在室内围绕。

卧室床头别放花

在卧室的床头或者床头柜上都不宜摆放花盆或者花朵，否则夫妻两人会容易犯桃花而出现外遇，导致感情出现裂痕。同时也不建议卧室内的家具使用藤条编制的物品，玄阴之气会比较重，这样会影响两人的财运。

建议床头摆放一盏床头灯和两人的合影，室内的家具尽量选用实木的。这样有助于让小两口的关系变得如胶似漆。

卧室干净好聚气

卧室的干净整洁程度也能影响双方的感情。如果室内很多东西都是杂乱摆放，就会让卧室内气流不通畅，使两人的感情蒙上阴影。同时还会导致两人在沟通上引起争端。

所以，若想两人的气氛变得融洽活络、沟通顺畅，那么务必要将物品收纳整洁，衣物最好能收纳在柜子里，床底下也不能摆放杂物。

⑨ 当心！婚房的浪漫色彩陷阱

常用的室内装潢颜色很多，包括梦幻的粉红，宁静的深蓝，高贵的深紫，温暖的深黄，似乎都能带来美好的观感，可对于婚后的卧室装饰用色而言，却并不适合在室内大面积使用这些颜色。

⬤ 婚后装修用粉色夫妻易起口角

粉色在装修运用中虽然有营造浪漫温馨的作用，但是在婚后装修中，粉色使用过多不利于夫妻感情。因为人在长时间看到粉红色之后，会变得心情暴躁，特别是对于男性，会感觉特别不舒坦，在两人的相处中也特别容易出现口角，导致夫妻吵架的频率增加。

⬤ 婚后装修色彩风水禁忌

为了让婚后的夫妻两人的关系更加稳固，避免出现双方不和睦的境况，下面几种颜色也要小心使用：

深蓝色。深蓝色虽然是天空的颜色，在家里大面积刷涂后，会带来一种充满自然感的气氛，但是这种颜色属于冷色调，时间一长，夫妻天天看到这种颜色后，会不由自主地产生抑郁感而变得不愿与对方交流，这样一来就会为两人婚姻生活埋下不稳定的因素。

深紫色。深紫色是红色的极致表现，看起来会比较鲜艳，这种颜色也不能大面积做婚后装饰使用，因为这种颜色看久了，两人容易产生暴躁感，双方在沟通的时候很难用平和的心态对话，而变得容易吵架。

深黄色。五行属土，在家里大面积地使用深黄色虽然能够带来温暖感，但是时间长了，夫妻双方会产生忧虑感，同时还会出现幻觉，对两人的健康会产生不利的影响。因此，婚后装饰也不建议使用大面积的深黄色。

10 粉色小物件帮你留住爱人不变心

虽然婚房的装修不可以选择粉色，但对于爱情来说，粉色仍然是一种重要的颜色，是爱情的象征，能够增加爱情的能量，使丈夫对你蜜爱依旧不变心。

小物件换成粉色外包装

感觉丈夫对你若即若离，这个时候不妨增加一些粉红色的饰品，如将耳钉、戒指、手链、化妆盒等都换成粉红色外包装。在粉色的磁性魔力下，这些粉色饰物会帮你稳定感情，留住丈夫的心。

佩戴粉色水晶

在风水学里，水晶是会说话的吉祥物，是催运效果最好的，尤其是对爱情而言，帮助的效果更加灵验。其中粉色水晶对爱情更有守护意义。日常可以佩戴一些粉水晶的手链，或在卧室床头摆放粉色的水晶球。

购置粉色内衣

购置粉色贴身内衣，可以改变你的磁场，使你与丈夫的感情走向圆满的境地，能帮助你得到美好的爱情，这也是爱情开运必要的物件之一。

11 三大风水秘诀给幸福婚姻添砖加瓦

恋爱中的情侣多以浪漫的生活为表现，而当两人跨入婚姻生活之后，随着恋爱新鲜感的直线下降，平淡生活的来临，在婚后几乎所有的夫妻都会发生或大或小的争吵。如果吵架的次数过多，势必影响两人的感情。那么，应该如何面对这种婚姻生活的插曲，让两个人的感情变得牢固呢？

收拾居所，消除"煞气"

从风水学的角度看，夫妻两人吵架有时是因为家里"煞气"过旺而造成，建议首先检查一下居所的内部环境。

客厅避免尖锐物体。客厅是藏风纳气之地，不宜有煞气存在，像剪刀这类物品都不要随手摆放。因为从风水的角度来讲，尖利、有棱有角的物体代表的是"煞气"，会让人产生莫名其妙的烦恼感，最后导致夫妻间的争吵。此外，客厅的观赏植物，要避免有针叶、尖形叶类的植物，最好摆放圆形或者弧形的植物。

厨房刀具收拾。接着应当去厨房看一下刀具是否收拾妥当，建议把厨房的刀具收拾妥当，刀最好摆放到刀具架内，收到橱柜里为佳，以免煞气外露。

烹饪红色食物，找寻浪漫滋味

"以前你不是这样对我的""以前我怎么没发现你这么懒啊"，相信很多男人在婚后都收到过这种类似的责备，这都是因为恋爱新鲜感减弱导致的结果。在这种情况下，建议女方在饮食上多烹制一些红色食物，能为两人重温当时的浪漫滋味。

红色食物的风水运。红色在风水上属火，代表是热情和刺激，在饮食上多烹制色泽偏红的菜肴，更有助于帮双方唤回遗失的热情。

红色菜肴推荐。如胡萝卜炒肉丝、番茄炖牛肉、红椒回锅肉、樱桃甜汤、草莓沙拉等都是不错的选择。这时如果能在餐桌上摆放一瓶红酒和一根红蜡烛，温情的气氛会更加浓郁。

佩戴风水灵石，提升感情热度

让感情变得更牢固的风水灵石首推玫瑰紫色的水晶，它可以提高两人爱情运势，使两人重新找回当初的浪漫感。

12 玻璃装饰不当，小心两人精神恍惚

玻璃在家居装饰中起着越来越重要的作用，许多追逐时尚感的小夫妻都喜欢在家居中加入玻璃的元素，从玄关到客厅，从餐厅到主卧等。从风水学的角度看，玻璃的使用具有风水方面的意义，如果使用不当，还会影响夫妻的和睦。

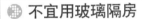 不宜用玻璃隔房

一些朋友喜欢将客厅和卧室之间的墙打断，换上玻璃墙，以增加室内空间通透感。实际上，玻璃的光泽是一种玄光，并不适合用来做隔墙，而客厅是宾客活动的地方，阳气极盛，卧室是休息的地方，属于阴，如果在两者之间使用玻璃墙，就会造成阴阳失衡，令居住的两人感到情绪不稳，容易起口角争端。

不宜用玻璃隔卫

现在有一种很流行的做法是将主卧里面的卫生间改成玻璃套厕，认为这样可以增加不少的情趣。但是从风水的角度上看尤为不宜，通透的玻璃会让人心神恍惚，卫生间应该用实墙隔最好。

不宜用玻璃铺砖

在一些豪华的欧式装修中，会使用玻璃材质的地砖，并辅以拼花图案。实际上，这样的做法并不好，因为玻璃的通透感让人难以产生"脚踏实地"的感觉。时间长了，让人缺乏安全感。

> **开运达人问答**
>
> Q:用玻璃作为墙上的饰物可以吗？
>
> A:用玻璃作为装饰，既可以拉伸室内的空间感，又容易给人带来惊喜。在实际使用中要注意两个方面：第一，玻璃不要对床，以免不适当的光线对室内形成煞气；第二，玻璃最好靠实墙装饰。只有巧妙规避，才能使空间分明，让玻璃的实用性和风水效用合二为一。

13 室内颜色失调，会增加离婚机率

明亮的色彩能够给我们带来独特的观感，可是在新房的家居中并不能因为喜欢而大面积地使用某一种色彩，这样反而会导致夫妻关系不和，使得家里诸事不顺，到底哪几种颜色在使用时需要谨慎一点呢？一起来看看吧。

不适宜在室内大面积使用的颜色

绿色。绿色能够带来一种大自然的气息，感觉也非常的生机勃勃，并且对眼睛也有好处，但是这些美好的感觉都停留在与大自然接触的瞬间。而在室内使用人为调配出来的绿色，并不能达到这种效果，反而让室内显得有一些不自然，居住在内的人会有意志消沉的感觉，对什么都提不起劲来。

橙色。橙色是一种让人感觉非常温暖的颜色，在室内稍微点缀一下，会让空间内显得跳跃一些。不过，即使特别喜欢橙色，也不可在室内大面积使用，这样会产生视觉上的厌倦感，反而达不到之前使用的效果。

咖啡色。咖啡色是一种非常有现代感的颜色，也是一种非常彰显个人品味的颜色，但是这种颜色大面积使用会让室内显得沉闷，空间感也会变小，长久居住心里会产生压抑感，夫妻两人也会变得不怎么活泼。

室内最佳颜色

室内最佳的颜色，当属乳白色、象牙色，以及经久不衰的纯白色，这几种颜色最为经典，也百看不厌，同时也是最符合我们视觉神经的颜色，因为太阳光就是白色的，这种颜色给人一种积极向上、非常光明、有希望的感觉，并且也能很好地与其他颜色相搭配。

14 挑起爱意和情欲的卧室布置

从夫妻生活的质量指数上看，性爱也是必不可少的一项内容。可是，有很多夫妻由于工作压力大、疲惫，会觉得到家就想睡觉，对这事实在提不起兴致来。其实除了没有休息好，还因为卧室缺乏温馨浪漫质感。因此，打造出一个充满爱意的卧室风水格局，不仅有利于夫妻生活质量，同时也让两人在工作以及其他事情上更顺利。

卧室床不宜太大

有些朋友会觉得床越大睡起来感觉越加宽敞自在，其实床大小适中即可，尤其不能选择长度和宽度超过2.5米的大床。如果在床上两人都睡得远远的，谁也够不着谁，怎么会有身体上的接触？只有两人在床上有身体接触，才会感受到因对方而存在的安稳感，两人相互依存感觉也由此渐渐滋生，甚至还能提高性生活的质量。

床品要及时更换

这里不仅仅是指要更换床单被套，枕芯、被子和垫絮也要及时更换。没有及时更换的床单被套，会让人觉得生活死气沉沉，而枕芯、被子和垫絮，不仅要及时晾晒，每2～3年还要注意更换一次，这样在睡眠中不仅会收获好心情，伴随着床品带来的优良质感，还会激发人体性爱的原始本能。

卧室≠更衣室

夫妻之间既要不避嫌，同时在相处中又要有一定的距离感。但是有很多朋友喜欢把卧室当做更衣室，当着对方的面更衣，这样会撕破生活中的神秘感，让夫妻两人的优点或者缺点都在对方面前暴露无遗。换衣服最好在对方不在场的情况下进行，或者去卫生间更衣，这样，会让夫妻生活增加不少的新奇感。

巧设"私密"空间

从心理学的角度看，性爱也需要适度的刺激，这些刺激可以是由一些两人亲密的照片、绘画作品等物品所带来，这些东西可以带给人最直观的心理暗示，而产生性爱的联想，制造两人性爱前的暧昧气氛。但要注意的是，这些东西也应该私藏起来，不能被外人所见。

15 浪漫的环境帮你稳定爱人的心

家是心灵的港湾，也是夫妻两人每天回家后的甜蜜栖息地。身处婚姻中的人，希望夫妻感情能够稳定一点、再稳定一点，其实这与室内的环境也有着很大的关系，在家里布置一个有利于感情的"风水阵"，更有利于稳定爱人的心。

小物件所散发的爱情能量

利用家居的小摆设营造"风水阵"，能影响人的心情，使人产生不同的心境变化。在家居环境中，大件的家具无法轻易变动，但小小物件却可以时常换新，比如桌旗、餐垫、地垫、杯垫、沙发垫等，更换一个色系，就能改变整个家居的风格。可以根据季节的变化，稍微变点花色；或者根据爱人心情的变化来设置，对方不开心时，可以摆放黄色的笑脸杯垫，给对方带来美好温馨的

感觉，这些改变都可以让爱人感受到你对生活的用心程度，散发出应有的爱情能量。

玩点"心机"的光线布置

爱情所带给人的感觉也并不是一成不变的，有时候也需要增加一点新奇和刺激感。而在室内适当运用光线，不仅可以增加空间的美感，还能让流淌在室内的爱情能量全部散发出来。如不打开主灯，只点亮射灯照在结婚照上；或者不点亮卧室灯，仅开床头灯，都会让空间的气氛变得更加温馨。

放一些轻快而柔和的音乐

音乐可以给周围的环境营造出一种非常惬意的空间磁场，人在这种环境下会不由自主地感到放松与惬意，忘掉白天的烦闷和压力，产生舒适的好心情。人们每天处于这种状态中，会产生一种爱意绵绵的感觉，看对方的眼神都会深情起来，夫妻间的关系也好像回到了恋爱之初。

舒缓情绪的香薰蜡烛

如今非常流行芳香疗法，弥漫的香味会改善环境磁场，如玫瑰、薰衣草、雏菊、金盏花等香味，能舒缓神经系统，影响潜意识，使人们进入一种快乐而放松的浪漫情境。

16 新婚一年了，家居该如何布置

远离了恋爱期的甜蜜感，经历了新婚期的新奇感，新婚一年之后，很多80后小夫妻开始进入了磨合阶段。激情慢慢消失，生活琐事常常困扰着家庭的氛围，甚至可以因为鸡毛蒜皮的小事而发生激烈的争吵。其实从家居风水上看，只要做好以下3点，就能有效化解夫妻之间的矛盾，减少两人之间的摩擦。

● 清理环境中的煞气

这里仅指对婚姻不利的煞气，首先，要清点下"旧物"，比如跟婚前感情有关联的物品，在这些旧物上，往往都有前一段感情的烙印，这些都会跟现在的感情相冲突；其次稍微总结一下婚后的争吵缘由，是不是有违对方的意愿等，比如他不穿这毛衣，你偏要他穿上，扮成情侣装等，这些因为争吵而起的由头以及相关的物件，可以稍微收拾一下，以免两人看到触景生情，想到上次吵架之事。

● 注重营造爱的温馨港湾

婚姻关系的好坏会受到居室气场、环境事物的影响。比如新婚之时，家里处处大红色点缀，而在结婚一年后，再选用这种颜色，难免会产生恍惚的感觉，这时的布置更应该贴近生活气息，平常一点、温馨一点，才能演变成生活的真正味道。

● 一起种植吉祥的绿植

植物在风水之中常常被用来趋吉避凶，目前也是市面上最经济并且功能又强大的风水之物。建议夫妻两人共同种植一盆植物，即便是从外面购买的植物，两人也要一起动手翻翻土、修剪枝条等，增加植物的灵性。

其中最适宜种植的植物有百合，寓意百年好合；还有兰花、万年青、常春藤等植物，这些植物四季常青，寓意爱情长长久久。

17 准妈妈应该怎么布置房间（上）

十月怀胎，周围的居住环境对准妈妈和胎宝宝健康有着重要的影响。对于80后的准妈妈来说，注意家居环境的风水布置，对于宝宝的将来也颇为有益。

孕期不要搬迁

对于准妈妈来说，孕期就要注重周围气场的稳定。这期间房屋最好不要装修，也不要进行搬迁或居室改造。因为在孕期，胎宝宝已经习惯了在固定的环境中生长，如果周围的环境发生变化，周围的气场、磁场都会跟原来的不一样，胎宝宝会产生不适应感，这种感受也会带给准妈妈。因此，在孕期最好不要随便搬迁或者装修。

房间纳气通畅

室内房间气场对准妈妈安胎有很大的影响，在家居布置上，尤其要注重纳气，并且是要收纳阳气和贵气。比如在太阳照进室内的时候，就开启门窗，让暖阳照入，增加室内的阳气。同时准妈妈所处的房间还要保持气流通畅，有些人觉得准妈妈不宜受风，但是开窗保证室内空气新鲜也是非常有必要。

在炎热的夏天，有些准妈妈喜欢一直待在空调房中不出来，其实在空气密闭的小环境里，不利于胎儿的健康成长，这个时期早晚要开窗，通过空气对流，换走室内的废气才是。

室内光线明亮

准妈妈居住的房间要保持光线充足，晚上在室内活动时也要保持灯光明亮，这样能消除环境中的不良阴气。此外还可以在室内西南方摆放水培的滴水观音或者富贵竹，可以加强室内的旺气，让胎儿更加健康聪明。

18 准妈妈应该怎么布置房间（下）

卧室床下宜整洁

婚姻刚刚开始时，很多女性都会非常注重卧室整洁；可随着时间的流逝，往往会越来越忽视居室清洁，尤其是床下，往往属于打扫，甚至变成放置整理箱或废旧物品的地方，这样其实不利于准妈妈安心养胎，会造成晦气的集散点，准妈妈每天休息和睡眠受到环境影响，还会对胎儿不利。最好选择在准妈妈外出散步之时，家里找个可以搬迁的吉日，好好收拾收拾床下，让床下的空间变得干净整洁，便于室内气流通畅。

摆一些可爱玩具

对于这一阶段的准妈妈来说，在室内摆设中，尤其适合颜色明亮欢快的装饰画，以及风景图，或者宝宝笑脸的照片，带给人舒心的观感，胎宝宝也会感受到妈妈的开心。还可以在儿童房

购买一些玩具，如卡通抓绒娃娃、积木等，这些也是非常有利的。

吉祥物谨慎摆设

有些朋友会喜欢在家里摆设一些吉祥物，比如貔貅、金蝉、大象、金狮、刀剑等，这些物品是有比较强大的风水效应，不过在准妈妈的房间中，这些物件最好不要出现，更不能随便摆放，否则会对胎儿产生不利的影响。

19 有宝宝的家中如何布置房间

有了宝宝之后，年轻80后父母生活的重心都会转移到家里的新生小生命上，希望宝宝能够健康快乐地成长。这个时候就可以在家居上下一番功夫，怎样才能打造出对子女成长大有裨益的好风水呢？

客厅位于正中央

客厅是家中的核心活动地带，也是爸爸妈妈和子女们维系感情、日常交流最为频繁的地方。从方位上看，客厅最好在东方或者位于家的正中央处，光线的设置要明亮，如果昏暗或者有死

角，都要想办法增加光照感，以免让家里的重要地方看起来没有生气。

餐厅要区别于客厅

　　如果在室内有明显的餐厅划分，那么不妨为餐厅增加一些亮色系的装饰物，比如典雅的花瓶，或者在边角桌上放一只小鱼缸，养上6～8尾鱼，会让餐厅更显得生机勃勃，一家人围坐在餐厅吃饭时感觉会更好。如果餐厅是在客厅里隔离出来的一个空间，那么不仅要精心布置小餐厅，而且应注意，两个区域的功能最好不要交叉。

子女房应有童真味

　　如果宝宝还小，不妨将宝宝的房间布置得可爱一些，卡通的小玩偶以及花朵形的装饰物都是必不可少的。如果宝宝年龄在6岁以上，房间一定要保持干净整洁，灯光明亮，也可以让孩子自己规划房间，锻炼孩子的自主能力。

⑳ 让婆媳关系甜如蜜糖三大绝招

　　婆媳关系可以说是世界上最难处理的关系之一，有人说婆媳是天生的敌人，但也有人能与婆婆和谐相处，这其中的处世学问可是高深得很。但很多人并不知道，在风水中，小小的改变也能调和婆媳间的关系，让紧张的家庭氛围变得亲密轻松起来。

留下贴心的小叮咛

　　俗话说"家有一老，如有一宝"，要想搞好婆媳关系，不妨在家里留下一些叮咛标签纸条，附带一些关心的话语，如"妈妈，天气凉了，记得添件衣服"，不要小看小纸条的风水效应，它能传达出一种祥和的气息。长期坚持这样做下去，不仅婆媳关系会变好，还能达到旺财的效果。

厨房摆放黄金葛

　　黄金葛也是风水宝物，放在恰当的位置就能发挥出应有的作用。在厨房摆放一小盆黄金葛，在培土的表面放上一些五彩小石头，可以利用五行相生的作用，来化解女主人跟婆婆之间的不良气氛，让女主人的人缘越来越好，同时还能让家庭的财运更加的旺盛。

21 规避风水禁忌，谨防老公花心

第三者的出现往往会给婚姻带来重大危机，与其事后伤心难过，不如未雨绸缪，从风水上规避一些禁忌。以下这些禁忌应该注意下。

● 左右分布不平均

表现情况：室内家具或者物品的陈设往一边倒，如左边很多，或者重点摆设都在左边。

具体分析：风水学中，左边代表男人，右边代表女人。如果左边有很高的柜子，而右边则空荡荡的，这种风水磁场左右分布不平均。因此，建议在婚后陈设上还是应讲究"左右对称"的原则。

● 装修太富丽堂皇

表现情况：家里装修得过于华丽，看上去就像酒店一样，灯光五光十色，色彩颜色较多。

具体分析：这样的装修设计缺乏家庭的温馨感，家里的气场也很凌乱，在这样的环境下生活，只会让男性心里浮动飘摇。建议在家居设计中，还是应将家庭的温馨感放在第一位，这样男性更容易对家产生眷念。

● 厨房阴冷没火力

表现情况：厨房看起来很生冷，灶台如新，整个房间给人的感觉像没有火力一样。

具体分析：厨房是维持夫妻感情以及健康的要地。如果厨房给人的感觉不够温暖，对婚后的夫妻生活会产生一定的阻碍。俗话说"管住男人的心，先要管住男人的胃"，如果家里都没有可口的饭菜，老公自然天天往外面跑了。

● 主卧对着行车道

表现情况：卧室的方位对着行车道或者街道，晚上听得到行车的声音。

具体分析：运动的物体都有风水带动力，如果卧室对着车道，车子来来回回过往，会破坏卧室环境的安静，不利于夫妻感情的和谐。这种情况建议在床边设置屏风或者隔断。

22 远离第三者的风水秘籍（上）

如果遭遇了第三者，婚姻会面临破裂的危险。下面教你几招，让你巧妙利用好风水远离情敌。

不急不躁，巧避太岁

如果你的另一半今年"犯桃花"，这个时候的你要把心态放平和，不急不躁地处理。只要避开调理好这段时间的气场，情况就能有所好转。

展露额头，气运更佳

额头是气运的接收点，若要让爱的感觉留存，首先得展露额头，如有刘海也不能超过眉毛。

多选粉红，散发魅力

女性朋友不妨常穿粉红色的衣服，化个粉粉的淡妆，因为粉色与"桃"联系，寓意甜蜜多产，对感情十分有帮助。

掌控最佳示爱时间点

下午5时至7时最适合表达爱意，在风水上称为"兑"，字面上有喜悦和期待的含义。这个时段，可以向你的另一半表达爱意，以增进夫妻感情。

 23 远离第三者的风水秘籍（下）

佩戴吉祥情侣饰物

建议两人佩戴一副情侣饰物，如砗磲龙凤配。其中砗磲是佛家七宝之一，象征着两人感情的纯洁和忠诚，有助于感情的稳定。

摆放绿植，感情更和谐

在家里阳台或窗台摆放一些绿色植物，可以让爱人的心态趋于和谐的状态。

利用水晶，赶走情敌

将小型茶色水晶或绿色水晶放在床头柜或脚踏上，能加强环境的灵气。

摆放桃木剑，斩掉桃花劫

如果你的另一半遭遇"烂桃花"，你不妨在卧室内摆放一把桃木剑。适合摆放在床头或书房的墙上。

置业乔迁篇：

趋吉避凶乐安居

二

俗话说："一方水土养一方人。"也就是说，在不同的风水环境影响之下，会造就不同的际遇，而如果居住位置发生转变，人们的性格和行为都会出现种种异同变化，这就说明一个人与周围的大环境有着一个相生相长的过程。

在面临着置业乔迁的选择时，很多朋友都希望自己的选择能够带来真正的安居乐业，家运顺畅。其实要达到这点并不难，只要掌握到一些风水要点，你就能选择到真正适合自己的优质雅居。

雅 居 A ♥ 大环境妙计

选择雅居时，要注意周遭的大环境，外局除了考虑地域、交通等问题，还应注意避免遇上风水中的煞。煞有很多种，常见的如尖角煞、天斩煞等，都最好能回避。懂得这些知识，不仅可以给我们的生活带来安定，同时还能巧妙利用风水来趋吉避凶，让生活安乐，事业大吉。

24 大隐隐于市，好风水成就上佳雅居

人因宅而立，宅因人而存，人宅相融，宅因人而沾活气，人借宅而提运气。好的风水是提升人的整体气运的基础。我们想要稳定下来，在选择自己的雅居时，一定要先看看是否处在绝佳的风水宝地上。判断宅居风水的优劣，可以先从以下几个方面着手：

⊕ 近邻建筑

在看雅居风水自然地形是否吉凶的同时，必须十分重视相邻建筑，邻居或者邻街在位置及视角上的相互关系，须追求合乎情理。比如左右邻居的房子低，你的房子处在中间，异军突起，容易引起口舌和是非。或是将住宅独立于集体住所之外，或建于高处、低洼处等，就容易犯"孤峰煞"，好雅居的大环境应讲求和谐。

⊕ 方位朝向

雅居的朝向也很重要，根据中国的地理形势和风水学考究，一般选择朝向为坐北朝南的房子

为佳。风水师是会根据居住人的命理，来提出合理的择屋建议。

有利家庭和睦的朝向。坐北朝南的房子气场平和，负阴抱阳，能保证居者身体康健、家庭幸福；坐西南朝东北的房子，这是一个相对吉祥的人居风水方位，也非常适合家庭居住；坐西北朝东南的房子，有利于个人事业发展。

不利家居气运的朝向。坐东南朝西北的房子不仅事业不济，也会导致家庭不和。坐南朝北的房子多衰败，官司是非多，不适合居住，而且财运也会受阻。

⊛ 有绿植为佳

种植绿植减噪除烦。现代城市多是钢筋水泥的高层建筑，远离了土地，人们容易缺乏安全感，植物面积越来越少，人们越来越失去依靠。选择雅居须以气息相通为前提。所以住宅必然要

在一定的植物环境中，它们不仅给予我们氧气并美化环境，也在连接着我们与自然的关系。

树木太多聚阴气。在风水上，树木种植的初衷是为了借此减少噪音，给人们创造宁静的环境，但树木太多易聚阴气，特别是攀藤类植物。也不可在大门前种大树，门前大树隔挡了阳光，阻挠阳气和生机进入屋内，那么屋内的阴气也不易驱出。

25 窗前见水，人财两旺好运势

最理想的家居环境莫过于前有河流、后有山坡。屋后有山坡则有"靠"，地形"前低后高"，可以藏风聚气。前有小河，就显得明堂宽广、视野开阔。风水上认为堂前聚水能给人带来好福气，有吉祥之象。

⊛ 源头活水，财气逼人

匀速流动的清水就是活水，蕴含着丰富的生命能量。流动的活水不仅能给生机环境注入活力，还有一股清新的力量和气韵环绕在居所周围，风水上认为活水是引财入室、人丁两旺之象。

⊕ 死水之象，避之弃之

死水是指浑浊、被污染且已发出异味的水，水的生命能量殆尽，不仅污染环境，还对人的身体健康和情绪带来影响。泄财气的力量大，自然就没有吉祥和财气之说了。

⊕ 水的形态也很关键

流水比较慢且平缓。如窗前面对水池、泳池和平静的湖泊等。能使你感到心境平和开阔，有利事业发展平稳，这就是好的风水。

水势湍急汹涌。水势湍急容易让人心境浮躁，心态受到影响，变得不再平和，事业自然会受到影响和打击，非大成，即大败。有的别墅建在海边，浪漫之极，推窗见海，波涛汹涌，风狂浪高，却少了一分祥和之气。而且，太近大海容易受到涨潮、海浪和飓风的侵害，缺少宁静和安全感。海景房除了会导致财源不稳外，也会对人们的心理产生很大的影响。

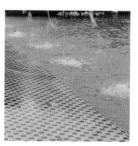

因此，如果想把"人和财"请到家，应当选择窗前平静祥和的水景。

26 山形地势，小房子要有大讲究

山，在风水中占据着十分重要的地位。不同的山形有凶有吉，吉的山形，有利于事业的发展，带来兴旺的财运，反之，凶的山形容易招至事业不利、财运破耗。

⊕ "以貌取山"——吉祥山形

金形山。山顶呈半圆形，山脚没有明显嶙峋凹凸，顺势而下。这类山形四周集中，藏风聚气。另外金给人的印象是正义、强大，金形山一般山脉完整，植物旺盛。受其磁场影响，长居此处会对身处职场或官场之人有所裨益。

木形山。木形山瘦、高，在五行中瘦高主木，是"四绿文昌星"的主征。山中必须是乔木林立，才能符合要求。长期居住在附近，能够增长智慧，在学业上有所作为。

水形山。水形山的山顶有两个半圆形的山头，呈波浪形，这类山可以有多条山脉。山脉跟山脉间必然出现凹凸之处，一般凹地藏水，凸地水溅。风水学认为，住在这种山的附近多出"智

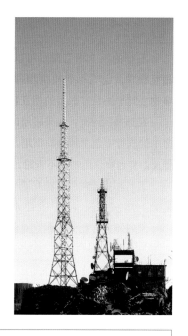

能之人"，而且可以旺女性。此外，我们选择楼房在水形山附近的时候，最好到山上观察一下凹凸的山脉是不是正好在你选择的楼房头顶，要避免"水淋头，子孙愁"。

土形山。土形山不高、山顶平，居五行中的中央位置，平稳生金，因为万物最后归于黄土，能量足够，附近有此山形多出大富之人，比如商人。一般来说，这类山的山峦也不高，最适合老人养老。

🌐 "以貌取山"——凶煞山形

火形山。火形山有两种。一种是呈独三角形，另一种是由几座三角形山群组成。其最明显特征是：山峰尖锐，山脊凸、树林不茂盛。火形山的形态过分集中在山顶，愈高的地方气场愈弱，而尖形代表火，在此附近长住，会令人做事急进、欠缺考虑。

电视塔。如果山上设置了电视塔，不仅有辐射，长住在附近会让人脾气暴躁无常，影响身体健康。所以雅居周围山形呈火形，就要注意避开或者化煞了。

🌐 趋吉避凶巧选择

吉利的山形，最好要有大门或者窗户向之，才能充分吸纳其吉气。而对于凶煞的火形山，最好敬而远之或者另开偏门，化解煞气。

㉗ 给楼层也合一合"八字"吧

在挑选住宅风水时，要考虑到外在环境、地形道路、有无山水等因素；而在同一栋建筑物里面，还存在着楼房层数与命相的相生相克关系。因此，适合你自己的楼层，你挑对了吗？

⊕ 看五行如何相生相克

五行的相生相克关系可以解释事物之间的相互联系，而五行的相乘相侮则可以用来表示事物之间平衡被打破后的相互影响。

在选择楼层时，如果楼层的五行对使用之人命中的五行有相生和相助作用，那就是吉利的。相反，有相克作用则作不吉论。

五行相生：相生即相互滋生和相互助长。木生火，火生土，土生金，金生水，水生木。

五行相克：相克即相互克制和相互约束。木克土，土克水，水克火，火克金，金克木。

如果楼宇的层数五行生主命，为吉；克主命，为不吉。而主命五行克层数五行，为中等。

楼层的阴阳五行是这样区分的：奇数的楼层属阳，偶数的楼层属阴：一楼及六楼，五行属水；二楼及七楼，五行属火；三楼及八楼，五行属木；四楼及九楼，五行属金；五楼及十楼，五行属土。如果层数大于十，则按其尾数来算。

⊕ 12生肖相合的旺财吉利楼层

一楼及六楼。属于北方，相宜生肖：鼠、虎、兔、猪。

二楼及七楼。属于南方，相宜生肖：牛、龙、蛇、马、羊、狗。

三楼及八楼。属于东方，相宜生肖：虎、兔、蛇、马。

四楼及九楼。属于西方，相宜生肖：鼠、猴、鸡、猪。

五楼及十楼。属于中央，相宜生肖：牛、龙、羊、猴、狗。

一般以户主的属相为主，记住对号入住哦！

> 开运达人问答

Q:有关选楼的民间谚语不可全信？

A:例如"一楼接地气"、"七上八下"、"不能住顶"等说法相信大家都有所耳闻，有些朋友选楼的时候也会参照其中，听起来有点玄乎，只是真的能成立吗？其实这仅仅只是心理上的一种暗示。

28 方方正正屋，财源滚滚来

随着社会的发展，房子的形状越来越出现多元化，火柴盒式房屋仍是经典，但是越来越多的"棺材房""钻石房""蛋形城堡"也开始争妍斗奇。那么应该如何选择有利于家运的好房子呢？

前窄后宽利财运

前窄后宽的屋型是指大门口的位置偏窄，进入大门之后逐渐开阔的屋型。这样的屋型，最为有利于个人财运的聚集。对于很多想旺财运的人来说，这样的屋形要好好挑选。根据前窄后宽的屋型形状的不同，可以分为两大类：钱袋屋和扫把屋。

钱袋屋财源滚滚。钱袋屋的基本格局是进入大门之后通过一小段走廊之后进入房屋的开阔区域。住在钱袋屋的人士往往财运亨通，有很多赚钱的机遇等待着宅主，因此正像钱袋一样钱财滚滚来，是想要旺财人士的首选。不过，钱袋屋

中若出现大门直对窗或者大门对后门的情况，叫做钱袋破损，就像一个开了口子的破钱袋一样，财进财出，因此反而不聚财了。

扫把屋生意兴隆。屋型呈梯形，像平常用的扫把。大门开在梯形屋型的窄边上，属于整体屋型前窄后阔的屋型，适合经商的人居住。

扫把屋的屋型和棺材相似，对个人健康有打压效果。若屋主体质健壮，居住此屋才能催旺财运。

前阔后窄易破财

前阔后窄房子格局。这种房子是大门开在屋型的宽处，进入房屋之后越来越窄，居住在这种屋型，财运、事业运和健康运都会出现后退回落的情况，是一个非常容易财丁两败的屋型。

倒扫把屋领衔破财。其屋形状似一个倒梯形，越进越窄。倘若住在这样的屋型，加上大门与后门、窗户等相对，财运会有所不济。

财运最稳数方正

方正屋稳定、结实，给人以包容感和安全感。从风水的角度来看，如果想要财运稳定的话，最佳的选择就是住在一间方方正正的屋子里。

快抢！周围有圆形道路的房子

雅居与周围交通的关系非常密切，很多人在买房之前都会考虑交通问题。除了交通的便利性之外，房外道路的形状其实也应该纳入考虑。如果碰巧你选定的房子周围有圆形的道路，这可是非常吉利的环境；而如果房子面向一些T形路、V形路或是反弓形路，就得谨慎一些了。

优选有圆环形道路的房子

如果房子周围有圆环形的道路，又或者房子正好在圆环形路的中间，也就是传说中的"玉带路"，在古时候只有皇宫附近才会出现，这可是大吉大利的位置。虽然在现代城市中，位置无法保证刚好在圆环形路的中央，但只要有圆环形的道路，都很值得一选。

异形路冲会挡好运

在选购房子时，还要当心路煞，尤其是一些异形的路煞，不仅对你的健康、事业会产生影响，还会"冲掉"你们全家的好运气哦。

T形路。 如果选中的房子正对着一条T形路，这样的房子最好不要购买。试想一下，一条路横在房子的前面，一条路直冲着房子。如果你近几年运程特别好，还能将这种煞气转换为福气；可如果没有什么好运气，选择这样的房子就不是太合适了。

V形路。 看起来像剪刀一样的道路，房子夹在两条道路的中间，会造成气流相交并且相冲，导致房子周围的磁场紊乱，生活在这样的环境下，运程也会直线下降，财运也会被"剪断"。

反弓形路。 如果房子附近有一条立交桥反着呈弓形向你的房子"劈"过来，感觉上好像房子要被劈成两半了，这样的路冲煞气是非常重的。这样的房子最好不要购买。

无路冲。 如果房子周围没有明显的交通指示道路，这样的房子能不能购买呢？这种状况就是传说中的"死胡同"，房子周围没有路，气流不通畅，住在里面还有死气沉沉之感，运气怎么也起不来，更别提财运亨"通"了。

30 大风呼呼房，尤其不可选

这里的大风呼呼房，指的就是正对着风口处的房子，比如在小区周围查看环境的时候，觉得其他设施条件都挺不错，可是一进入小区，正走到单元门口时，一阵狂风吹得你都不由自主地缩起脖子来了，魂都丢了半边，这样的房子最好不要购买。

房子对风口，福气守不住

很多朋友在选购房子时，会忽略到"风"这个关键性的因素。如果发现自己选定的房子对着风口，最好不要购买。不论售楼部给你多大的优惠，都要坚定自己的决心。俗话说得好"贪小便宜吃大亏"，买了这里的房子之后，风口上毫无阻挡的强风，会把你的好运气、好福气、好财气通通都吹没，使得家中无法收纳福气。

此外从健康的角度看，如果在这样的房子居住，从家中走出的时候，身体的温度还跟室温相符合，可是一走到小区的风口处，冷风瞬间冲击全身的毛孔，要是抵抗力稍微差一点，说不定马上就会出现头晕头痛、鼻塞不通的状况了。

清风徐徐的房子最舒服

小区的风太猛，容易把积攒的财气和福气吹光光；但如果小区非常闭塞，风完全吹不进来，气流不通畅，同样也意味着好运无法降临。最完美的居住小区，应该是有着非常惬意的清风，风儿徐徐吹来，带来凉爽，同时还能将

你烦躁以及晦气都吹散，这样的小区非常值得考虑购买。

房子位于城市上风口也不错

风口因素也非常重要，直接关系到你和家人的健康与福气。很多人不知道自己所居住的城市上风口在哪里，其实你只要知道这里经常刮什么风就行了。通常情况下，北方城市经常刮西北风，而南方城市则经常刮东南风。位于正上风口或者稍微往下一点，都是不错的好位置。

31 当心！这些地带的房子要谨慎

东挑西选，好不容易找到了一套合适的房子，可推开窗户一看，对面就是殡仪馆或者坟地，是不是让你看房子的好心情顿时全无呢？仅仅是在看房子的时候，遇到这样的事情都会让你的好心情大打折扣，更别说以后要住在这种场所的附近了。

殡仪馆与坟地附近要慎选

殡仪馆和坟地附近都是阴气极重的地方，但是在如今房地产日益密集的情况下，在这些场所的附近也有新建的高楼，当然售价也比其他地段要稍微便宜一些，有些图便宜的朋友考察一番后，便订下购房的计划。殊不知居住在这样的房子附近，对家人的健康、财运、事业，乃至婚姻都会产生严重的影响。不仅情绪会处于压抑的状态，还会感觉有阴气不停地围绕。

由火葬场改建的房子

选中了一套好房子，可是多方打听之后发现，此处在十年前是居然是一个火葬场，这样的房子能不能买呢？其实这个问题可以分两个方面来看，比如在此之前，房子各方面的条件，比如风水、朝向、交通、人气都还不错，实际上就是一处雅居。

但如果知道了房子的"前世"，你的心情产生了不小的波动，有了不好的感觉，就不要再买这套房屋了，否则，住进去总是会觉得自己没看好，容易心神恍惚。但如果在知道情况后，觉得房子现在优势确实明显，心里底气也很足，这套房子也是可以购买的，因为良好的心境也会改变人的际遇。

32 远离带煞建筑物，成就雅居好环境

火葬场和坟地是买房时需要注意的禁忌，大多数人对这些禁忌都有一定了解；可有些带煞的建筑物，却往往并不为人熟知。如果房子靠近以下几类场所，购买时也要三思而后行。

⊕ 医院

医院有很多病人居住，每天都会有人生病而进出其中，甚至空气中也有可能弥漫着细菌，这里是一个煞气非常重的地方，周边房子的磁场也会受到干扰。即便你预选的房子户型和朝向都不错，可是就在医院附近，不知不觉阳气都会慢慢消耗掉。加上医院上下水和医用垃圾多多少少都会对周围的环境造成一定的污染，所以医院附近的住宅要谨慎选择。

⊕ 寺庙与祠堂

从风水的角度看，寺庙和祠堂都属于孤煞之地，并且是有神灵寄托的地方，它们可能偶尔会寄托在此处，也可能不在此处。但无论在或不在，寺庙和祠堂都会对附近的磁场以及能量造成干扰，从而影响到你正常的生活轨迹。

⊕ 变电站与高压塔

现在的房子寸土寸金，虽然有一些电线直接都走在了地下，但是也有一些房子临靠着变电站或者高压塔，而电在五行之中属火，对人体健康的影响非常大。

⊕ 电影院

电影院是个很热闹的地方，怎么也会对居家产生影响呢？其实电影院的"阳气聚集"仅在电影放映时，而电影结束后观众离场，阳气也就大量消失，会对附近气场产生强烈干扰。房子在电影院周围，会被这种聚散无常的气息影响，人的机运变得反复无常，财运也会时好时弱。

41

33 绝佳好房周围环境也要周正

好房子，不仅要看周围的大环境，如山水、建筑物等，也要看小区内的小环境。有些小区走进大门之后，必须东弯西拐才能到达相应的门栋前，里面的建筑也非常"个性"；而有些小区的布局周正，房子也整整齐齐，虽然看起来有些死板，却是居家好房的首选环境。

◉ 小区环境应追求整齐

在置业这件事上，应该从和谐安居的大前提着手，而不应该追求新奇感或是过度张扬个性。如果布局太具"艺术感"了，看起来过于奇特，往往不适合居家。而布局整齐，建筑方正的房子，虽然在创意上会略显逊色，却代表着小区阴阳和谐之势，是居家好房子的首选。

有些房子在顶楼做一些"三尖八角"的设计，其实在风水上是非常忌讳的。而选购一套环境简单而格局周正的房子，则会给人一种稳定安全的感觉。

◉ 小区环境有气势

这是一个见仁见智的问题，因为每个人对气势的要求不一样，从风水的角度看，有气势的小区环境，可以有效阻挡掉一部分不好的煞气，还

能使小区内正气长存。比如绿树成荫，有流动的瀑布或者喷泉，建筑周正大气，都会提升小区的气势。

◉ 小区环境远离假山怪石

有些小区为了营造自然的感觉，会在小区的中心位置建造一座假山，或者摆放一些顽石，还雕刻上一些附庸风雅的文字。实际上，这些假山顽石是置业风水上的禁忌，因为这些东西不仅阴气很重，而且还会影响周围的气场。

雅居  小格局妙计

风水非常讲究和谐，和谐而后才能发展。

对于家居住宅来说，外部环境的选择固然十分重要，但若是和内部格局达成和谐，

才算是风水上真正的雅居良宅，才能让家人住得舒心，

让事业更进一层楼，以达到最佳的居家目标。

34 房屋大小，多少才合适

现代人在购房之时，往往会根据居住人数和经济能力来选定房屋面积，这是比较理性的判定方式。但如果经济能力确实不错，是不是就意味着面积越大越好呢？如果住的人多，可经济能力有限，买个面积稍小的房子是否可行呢？究竟多大的面积最合适，也最有利于家运呢？

● 面积太大集阴气

房子要讲究聚气纳福，如果住的人少，购买的居住面积又大，就不容易聚集人气，围绕在室内的祥和之气也容易散，长久居住下来，室内的阳气会越来越分散，阴气会聚集过多，居住在这样的屋子里面，家人的运势都会大打折扣，同时对女主人而言，打扫起来也是一个很大的难题。

● 面积太小阴阳失调

也有一些朋友因为经济原因，在一家五口人的前提下，选定了一个50平米左右的房屋。居住

的人这么多，选定的面积这么小，这样一家人生活在一起转个身都很困难。虽然因为人多室内阳气聚集，但是面积太小，容易气流不通畅，会使得宅运下降，这也是买房大忌。这种情况下，不妨积攒一些钱财后，再选定一套大一点的住房；或者也可以去看一下价格相对便宜一些的二手房。

⊕ 最佳置业面积可以计算

到底选多大的面积的房子为佳呢？其实可以从两个方面去衡量计算：

居住人口年龄。可以将居住人口的年龄总和乘以1.1，比如男主人是30岁，女主人是28岁，小孩是2岁，那么合起来就是（30+28+2）×1.1＝66。也就是说最适合这个三口之家的面积是66平方米。

人均面积。夫妻合计的人均面积为50平方米，学龄前儿童的面积为10平方米，学龄后的儿童面积为15平方米，老人为18平方米，根据实际的居住人数就能核算出一个适合的居住面积了。

35 屋宅大门，千万别对"三重门"

宅居大门的风水，占整个雅居风水的九成。有一些屋宅的户型在设计上由于受到各种因素的限制，存在一些不利于居住者的风水问题。下面我们就先从门开始，看看雅居小格局应注意哪些方面，又有哪些化解的好方法。

⊕ 开门正对卧室门影响主人健康

大门煞气直冲卧室。打开大门就看到卧室，是非常不吉利的。主人的隐私不仅受到威胁，而且煞气直冲卧室，会影响身体健康。

化解煞气有讲究。如果大门正对卧室门，可以把卧室的门改在另一个方向开，也可以在两门之间放置不透明屏风或者设置隔断。

⊕ 大门直通后门难聚气

前后直通不保温。进入大门，倘若能一眼看到后门，也是不吉利的。两门相对虽利于空气流通，但房子因此很难有保温的功能。

中间拦截巧化煞。这种情况下，可以在两门中间的位置放置亚光、不透明材质的假墙来隔阻，但要注意，忌透明、玻璃材料。

◉ 大门正对消防门易漏财

安全与漏财的消防门。很多商厦和民居为了安全，都会设置一些消防门。倘若自家的大门与消防门两两相对，大门打开后，屋子里的吉气都流向了消防门。这样一来，屋主很容易漏财。

36 入户第一眼，把厨厕藏起来

大门是住宅的气口，是外气流动和交融的必经之地。入户第一眼宜令人清心悦目，心神安宁。一般住宅入户首见的是客厅，倘若首先看到厨厕，是非常不吉利的。

◉ 开门见厕，秽气迎人

入户即可看见厕所，不仅厕所外边的人心理会有不舒服的感觉，如厕的人也倍感压力。厕所的湿气比较重，容易产生秽气和细菌，对健康不利。

开门见厕化解之道。最好能在厕所前面砌一堵墙，或者用大块的木板隔挡，也可放置盆栽植

物和水晶球来增强风水能量的运转。此外还可以挂五帝钱在厕所门后面把手处，再在厕所门口挂一幅天然水晶珠帘。

◉ 开门见灶，钱财多耗

如果大门正对着厨房，开门的气流就有可能把外面的细菌吹到厨房。从风水角度讲，炉灶乃生财之位，火气冲天，挡了财气。

开门见厨化解之道。改善进门见厨的最好方式是在大门入门处放置一个不透明屏风，或者是利用一点空间来设置玄关。如果空间过小，可以在厨房门上挂一幅不透光的门帘，在厨房门上挂两只铜风铃。

37 家宅心脏，卧室大小有讲究

卧室是居家住宅中一个非常重要的环境，如果说客厅是一个家宅中的门脸，那么卧室就是家宅中的心脏，我们休息、睡眠都离不开它，夫妻交流情感的场所也多是在卧室。

🌐 卧室太小气运受阻

卧室太小不聚财。在风水中，如果卧室太小，这样的睡房必然气薄，卧室的能量很容易散失，就形成了气散不聚的格局。住在这样的屋子里，容易情绪冲动，投资购物情绪化不理智，这样一来聚财的几率就小了很多。

卧室太大影响夫妻感情。如果卧室太大，夫妻之间的感情容易受到干扰，还可能会产生不睦和争执。一般而言，主卧室的大小不宜超过20平方米，或者以床前的空间不超过一张床的长度为准。

🌐 大小适中最合宜

房屋大小与人数成正比。也就是房子越大，入住的人应该就相应越多，人气旺就是这个意思。反之也是一样，卧室小，人数也要相应减少，否则会聚气不足。

❄38 客厅财位得宜
为大吉之象

一座住宅，客厅无疑是最重要的公共空间，一家人聚在一起聊天、看电视或接待亲友等，基本都是在客厅进行。客厅风水的重要性关系着整个家运。若是客厅的方位得宜，则是大吉之象，可以使家运兴隆、人丁兴盛。

客厅方位好宜藏风纳气

客厅靠近大门。 客厅的最佳方位是位于住家的前半部分靠近大门的地方，家人进进出出，大门开合时，便会带入外面的空气进到客厅，也就是纳进了吉气。

经走廊到客厅。 有的家庭面积较大，须经过一条走廊才能到客厅。走廊上要保持清洁，不堆放杂物，壁灯忌昏黄或造型奇异，以免吉气不入。

非方正屋的财位补强

客厅被人们称为"财位"，明财位的最佳位置一般是进门的对角线方位。非方正格局的房屋，可以通过一些补救的手法来催旺财位。

厅中有柱巧补救。 高层客厅为了承重，在客厅中立起一根柱子。不仅有碍观瞻，还阻挡了财运。补救的方法是沿柱子周围加两个半圆形鱼缸，也可以用延伸的长柜将客厅空间格局化。

财位外漏不对窗。 偏巧财位处开了一扇窗户，从风水上来说会导致财运的外漏。可以在窗子内部钉上夹板墙，就能保住财位稳定了。

财位正对走道。 刚进门的财位处恰巧是一个走道，容易导致财位无依无着，还有穿透的尴尬。化解方法是在走道处放置到顶的屏风，这样一来，财位就稳固了。

39 别让横梁压住了健康

很多家庭因为屋宅的设计问题或是屋主在修缮时处理不当等因素，导致家中的屋顶上有许多横梁。在风水上，这个叫做"横梁压顶"，是不吉之象。居住者会出现头疼、昏厥、失眠等一系列症状，通过一些风水办法能化解。

门口横梁影响家运

门口横梁起承重作用。 门口上有横梁是现在家居中比较常见的，很多屋主并没有意识到其中蕴含的风水问题。倘若不理，会使家运不顺。

天花板平顶化煞开运。 在居住的雅居层高允许的情况下，可以用天花板将横梁铺平，使之形成一个平面；倘若有的家庭层高有限，可以在横梁的两侧悬挂小盆栽花，以缓解被阻挡空气产生的冲力。

客厅横梁影响健康

茶几、沙发横梁压顶压力大。客厅中的沙发、茶几等区域是家人经常活动的地方，倘若一抬头就看见顶上的横梁，是非常不吉利的。不仅感觉压力很大，身体还会出现各种病症。

化煞气为祥和。倘若客厅里出现横梁压顶，可以做成相应的装饰构件把它包起来，使其与周围的环境充分融合起来。或者在梁的左右下方摆放大象的装饰品，化煞催吉。

卧房横梁压顶不利夫妻感情

横梁下面不要摆床。床上"横梁压顶"，容易让夫妻发生口角，对感情发展不利。倘若这种情况下考虑要小孩的问题，也不容易怀上。

卧室避开横梁是正道。可以用吊顶方式把天花板做平或者做弧形，也可以把床搬离横梁下面。

40 卫生间居中无窗，居住易起祸端

看一个家庭或者居住人是否有品位，不能不参观其卫生间。风水中对于卫生间的布置、方位等等都极为讲究。

卫生间不宜设的方位

不宜设在走廊尽头。有的大屋宅有较长的走廊，切不可将卫生间设在走廊尽头，卫生间和走廊直冲是最忌讳的，犯了室内的"路冲煞"，对家人健康十分有害。有走廊的情况下，卫生间只适宜设在走廊边上。

卫生间不宜设在房屋中间。房屋的中央是被重视的五黄位，不能放置催动秽气的能量，不然居住者的身体、气运都会受到影响。

卫生间没有通风窗易起祸端

全封闭卫生间于健康不利。卫生间属水，水不进，则财不进。有的家宅对于卫生间不甚看重，即使卫生间无窗也无所谓。其实，封闭的空间如厕或者淋浴对家人的健康很不利。

卫生间宜空气流通。虽然卫生间是个私密性很高的空间，但是平时不用的时候还是要将窗户打开，阳光充足，才能除湿、通风，将浊气排除。倘若无窗，要安装排气扇，将废气抽掉。卫生间整洁干爽，才会令居者身心健康、人财两旺。

家居装修篇：

福星高照小爱巢

在进行家居装修时，大家都希望将住宅打造成一个漂亮、温馨、舒适的空间。这样，居住起来也会拥有非常融洽的享受感。其实如果能在装修时将风水知识融入进去，还会给整个家庭带来意想不到的好运。

家中大到客厅、小到卧室、阳台，无论是家具的摆放、灯光的布置，还是植物的种植，都有其风水讲究。在装修时巧妙回避风水禁忌，并充分利用某些物品的生旺功能。就可以把家布置成为风水宝宅。

玄关 A 开运妙计

玄关的面积虽不大，却在整个家居风水中占据着重要地位。

玄关是从室外到室内的缓冲空间，它代表了家庭的金钱运，可以留住从大门进入的旺气，同时能挡住从大门进来的煞气，关系到整个家运的吉凶。另外，玄关的布置会给人留下重要的第一印象，装修时应尤其重视此处。

41 玄关巧布局，别让钱财悄悄溜走

玄关影响金钱运，设置玄关，可以让从大门流入的旺气与财气尽可能在屋内回旋，减少从阳台或窗口流走的旺气和财气，从而起到守财防外泄的作用。要想让玄关充分发挥作用，还需要在布置上花些心思。

🌐 镜子

很多朋友喜欢在玄关安一面大镜子，从而使玄关显得宽敞一些，或者作为外出时整理衣冠之用。玄关如果安镜子，有两点要注意：

镜子忌对门。镜子正对大门，会将从大门外进来的财气折射回去。另外，镜子里如果照出门，会出现"门对门"局面，不利于家庭和睦。

镜子宜对向上楼梯。如果镜子面向室外，正好反射楼梯间，楼梯向上则吉，表示步步高升，若楼梯向下则不吉，表示会走下坡路。楼梯向下时，将镜子改挂侧面就可扭转不利的局面。

42 巧设玄关间隔来带旺宅运

我们在玄关处通常会选用墙壁做间隔，避免开门即见客厅，保障户内的私密性与隐蔽性，装饰漂亮的间隔还能起到美化玄关的作用。同时间隔在风水学上也有特殊的意义。

✤ 照明灯

玄关区一般不会紧挨窗户，想采纳自然光是不可奢求的，玄关太暗可以安装照明灯。玄关处的照明灯也称长明灯，照明灯应该长期打开，用来增加阳气。玄关阳气充足，可令家人心情愉快，工作也会顺顺利利。反之，玄关光线昏暗阴沉，容易影响家人的心情，工作也会面临诸多不顺，工作不顺就可能破财泄财。

✤ 玄关环境

鞋子、雨伞忌乱放。鞋子从外面穿回来时，会沾染各种杂乱之气，应将鞋子全部放进鞋柜。而雨伞容易积累阴气，最好放在阳台上。

杂物不宜放太多。玄关也不宜放置太多杂物，否则会影响到家人的健康。

✤ 间隔上虚下实

玄关的墙壁间隔应采用上虚下实的构造，这种半遮半掩的形式既可以从视觉上起到空间延展的效果，又能使大门流入的旺气与财气在屋内驻留更长时间，还能保障家庭的私密性。

✤ 间隔平整为佳

玄关作为进出家门的通道，墙壁及地板用料平整则能保证气流畅通无阻。如果用料凹凸不平，比如使用凸出的石块作装饰，会使宅运受到阻滞，因此，在装修时应保证用料平整。

✤ 色系中性偏暖

墙壁间隔颜色采用中性偏暖的色系，可令刚回家的人忘掉疲惫，融入家的温馨之中。同时墙壁的颜色也要注意与天花板、地板和谐一致。

43 玄关天花板、地板助运大揭秘

在玄关这个格局中，天花板和地板是两个重要的要素，此处的装修是否得宜，关系到整个玄关乃至室内风水的好坏。因而很多朋友愿意花大力气来装修这两个地方，在装修过程中，考虑美观实用的同时，兼顾风水也非常重要，只有这样才能带旺家中运势。

天花板

天花板高胜于低。玄关的天花板高，空间更为开阔，玄关的空气也会流通顺畅，而风水学认为气流舒畅，能收纳鼎盛的财气。天花板若太低，会给人们造成压迫感，在风水中表示家人正受牵制，行事多有不顺。

天花板颜色浅更好。天花板的颜色以浅色为宜，千万不要比地板的颜色深，这样不仅让人在心理上倍感压抑，而且上重下轻、天翻地覆的格局，在风水上表示家人幼不尊老、长幼失和。所以天花板的颜色以浅色为宜，地板颜色可以稍深，上轻下重，不仅看着舒适，家人也会和和睦睦。

天花灯方圆形为佳。玄关处一般无窗，在天花板上安灯来照明是不错的补光方法。但是如果选择用几盏筒灯或射灯来布置天花板，应注意不要把灯布成三角形，会形成"三支香倒插"的图景，这是中国人一向忌讳的事，是不吉之兆。若布成圆形或方形，则预示着团圆或平稳，是吉祥的象征。

地板

地板平整为佳。地板平平整整，不仅可以避免绊倒摔跤，而且象征着运势顺畅。另外，玄关也不宜布局成坡状或阶梯状，而应该尽量保持水平。

地板深色为佳。深色在心理上给人厚重之感，在风水学上则象征着住家根基深厚。喜欢明亮颜色的朋友，地板四周可用深色石料包边，中间部分可选择自己喜欢的颜色，颜色只要比天花板深就可。玄关铺地毯也是同样的道理。

地板木纹向内为佳。如果选择铺木质地板，不管采用何种木料，都应将地板排列成木纹斜向屋内，寓意好运如流水般斜流入屋。如不注意让木纹直冲大门，会不利家运，一定要当心。

地板图案圆形为佳。 玄关地板在选择图案时，最好选择寓意吉祥的圆形图案，切勿选用尖角很多的图案。如果尖角冲门，会有意外之灾，使家人不得安宁。

44 不可不知的玄关风水三大忌

玄关的装修和摆设有激发家运顺畅的潜能，在风水上非常重要。对于玄关的布局来说，需要讲究"明亮""宽阔""整洁"等原则，此外关于玄关风水上的三大忌讳也要注意规避。

玄关选材忌通透

在玄关的装修中要尽量避免通透性好，或者有镂空感的材料，如玻璃、镂空木纹雕花面板、多宝格等。这样的材料往往会造成室内气流迂回不畅。尤其是有一些玄关直对大门或者窗户的户型，使用这些极具通透感的材料后，从玄关纳进来的福气还极有可能溢出。

改善方法： 建议选用实体墙或者木板等物品来作为玄关装饰材料，而如果选用了镂空木板，可以在另一边钉上一面同色系的薄木板，这样通透感就会消除。

玄关颜色忌深色

深色在室内装潢中会给家中增加大气稳重之感，但是在玄关中应避免使用这个颜色，一进门容易产生压抑感，也不利于家宅的稳定，宅运也会明显回落。还有一种说法是在玄关使用黑色或者深红色，还容易招来一些灵异的东西。因此在玄关用色上应该谨慎一些，以免出现无妄之灾。

改善方法： 建议尽量选择浅色系或者暖色系的颜色装饰玄关，有促进家人关系和谐的效果。

玄关忌杂乱

鞋子一类的杂物在风水中往往会产生"味煞"，如果不妥善处理。就会将这种煞气引入到房间中，对家居风水产生一定的影响。加上鞋子中容易滋生细菌，处理不当就会对家人健康产生不利。

改善方法： 玄关设置鞋柜，增强空间收纳性，并注意打理鞋柜，避免鞋子凌乱堆积。

45 让玄关招财指数剧增的三大摆设

玄关是入门后的第一空间，同时也是财气流入的通道，在玄关处放一些招财的小摆设，可充分利用玄关的招财作用，让家中财气更旺。

三脚金蟾

白天头朝外，晚上头朝内。 俗话说："得金蟾者必大富！"传说金蟾所到之处，为金钱积聚之地。催财金蟾有三足，不仅是招财旺财的瑞兽，还能镇宅、辟邪、挡煞。金蟾摆置在玄关财位上，切记白天金蟾的头应朝外，让金蟾向外咬财，晚上则应头朝内，这样能将金蟾白天咬的财放入"金库"。

口含钱币催财快。 摆放在家中的金蟾，如果选一樽口含钱币的三脚金蟾，旺财效果更佳，其中口含钱币，不仅能起到催财旺财的作用，还能催旺人气、催生福气，有利于家运！

黄色水晶

黄色水晶球由外向内转。 黄色水晶象征招财进宝，可为家中带进意外的财富。在玄关摆水晶时，可选用滚动的黄色水晶球置于财位。黄色水晶球的转动方向必须是由外转向内，才能让屋外之财滚滚进屋，如果是由内向外转，则会造成家中财产流失。

黄色水晶碎石驱秽气。 黄色水晶碎石不仅能招财，还有驱邪的作用，将黄色水晶碎石放在鞋柜上，可驱除由鞋柜散发出来的秽气。

鱼缸

玄关处设置鱼缸，不仅可以利用气流聚集财气，而且活水养鱼，寓意财运如流水长流不息。所养的鱼的尾数最好是属金的4或9。万一有鱼死亡，应该马上补齐数量，避免损失招财的能量。

46 巧置玄关鞋柜，实用好运一起来

尽管风水学认为入门见鞋是一件吉利事，但鞋所带的异味会影响玄关气流，阻滞家中的运势。巧置鞋柜不仅能让玄关井然有序，还能带旺家人的运势。

鞋柜位置

鞋柜放在白虎位。风水上有"左青龙，右白虎"之说，人在屋内面向大门，左边是青龙位，右边是白虎位。如果将鞋柜放吉位青龙位，鞋所带的脏气会影响家人的健康。而放在右侧的白虎位，脏气正好可将白虎煞压制住。左边可以放一些小型的阔叶植物。

鞋柜层数

五层高鞋柜最佳，五层代表五行并存。鞋柜可以少于五层，但切记不要多于五层。鞋子有"根基"的寓意，如果根基不打稳，事业也不能进一步发展。

鞋柜高度

鞋柜占房子的三分之一高。风水上一般将房子的高度均匀地分为三份，根据风水数理，上为天，中为人，下为地。鞋柜的高度最好不要超过地的位置，如果占了人位，鞋子所带的脏气必然会影响家人的健康。

鞋柜收纳

保持鞋柜的整洁。如果鞋柜里鞋的异味散发出来，必然会将浊气扩散到屋内。因此，鞋柜最好设门，将鞋子清理后再放入鞋柜，并定期对鞋柜进行清洁，尽可能地减少异味排出。

鞋头朝内放。鞋头如果向外，鞋尖对着自己，容易形成火煞，长此以往，必会不利健康。若是向下倾斜的鞋柜，应将鞋头朝上，代表步步高升。

47 绿色玄关
带来旺盛生命力

植物代表了旺盛的生命力，在家中合理地放置植物，能营造一个清新、充满活力的环境。玄关是家居中充满风水灵性的地方，放对了植物可以令吉者更吉，凶者反凶为吉。

赏叶植物

宜选赏叶的常绿植物。玄关处摆放的植物应以赏叶的常绿植物为主。例如发财树、龟背竹、滴水观音、斑纹万年青及赏叶蓉等。摆放这些常绿植物，能使室内生意盎然，并能催旺财运。植物必须保持长青，如变枯黄，则应马上更换，方可保证吉利。叶子沾上了灰尘等应清理干净。

宜选圆叶植物。玄关植物叶子的形状特别重要，最好选圆形叶子、叶茎多汁的植物，这样的植物具有吸引好兆头的潜在能量。叶子细长的植物，会产生毒素或煞气，家人也容易惹口舌纠纷。蕨类和葛藤类的植物最好也不要种，这类植物较阴，倘若生长茂盛，可能会给家中招来不好的气。

开花植物

开花植物的适合情况。除了赏叶植物以外，各种造型的植物及盛开的大朵花盆栽也可放在玄关。某些情况更适合摆放开花植物，如玄关光线不佳、穿堂风很大、夜晚温度降低、走道狭窄、玄关并非方形或长方形的格局。

花卉能从各方面改运。在玄关的鞋柜上放一盆红色的鲜花，可以招来好运气。

摆放粉红色的花卉有利于人际关系，黄色的花卉利于爱情，橙色的花卉对旅行有利。但切忌放仙人掌、玫瑰、杜鹃等有刺的植物，这些植物会破坏玄关的风水。

客厅 B 开运妙计

客厅是家中主要的公共空间，是家人休闲娱乐和招待客人的地方。
从风水角度讲，客厅是家居风水最重要的一环，关系到整个家庭运势的好坏。
因此，客厅是装修时最应该花力气布置的地方，
好的布置可以令身在其间的人倍感温馨与舒适，令家庭旺财又旺运。

48 当心！客厅财位八大注意

风水学将客厅最重要的方位称为财位，财位的最佳位置分布在客厅进门的对角线上。财位布局及摆设是否得当，对全家的财运、事业运、健康运都有影响。以下八点是在布置财位时应该注意的：

⊛ 宜有"靠山"

财位背后最好是坚固的两面墙，象征靠山，寓意后顾无忧。同时墙也有藏风聚气的功能。如果用透明的玻璃窗来替代墙，不仅不能收到聚财的效果，反而容易泄气破财。

⊛ 宜封闭平整

客厅的走道或入口不宜设在财位上。财位的上台阶不宜设开放式的窗户，尤其不适合大面积的落地窗，否则开窗时会使财气外泄，这样客厅好风水就会有容纳不住的感觉。如果已经设了窗户，可用窗帘来化解。财位应避免出现柱子和凹处，如果有，最好用装饰材料填充平整。

宜整洁忌振动

财位上的物品如果不整洁或经常振动，则很难守住钱财。

宜光线明亮

财位明亮能起到生旺生财的作用，如果财位光线不明，会使财运受阻。在没有自然光射入时，可开灯代替。

宜摆吉祥物

有的客厅在财位摆放文武财神等招财的吉祥物，可收到锦上添花的效果，令财气更旺。

宜摆植物

财位摆放生机盎然的植物，可令家中财运更旺盛。财位最好摆放大叶或圆厚叶子的常绿植物，并且用泥土种植而不是水，以免见财化水。

忌受污受冲

如果将杂物放在财位，或者厕所浴室设在财位，都会令财运大减。财位如果受到尖角冲射，也会影响财运。

忌受压

如果将沉重的组合柜、书柜等放在财位，使财位承受很大的压力，会导致家财无法增长。

49 明亮客厅光线，给你明亮的家运

在客厅风水中，客厅的光线是否充足特别重要，客厅如果阳光充足、灯光明亮，家中充满阳性的能量，家运也一定旺盛。相反，客厅光线昏暗，家运也会黯淡。

向阳客厅

客厅如果向阳的话，就要利用好阳台和夜间照明，保证客厅白天、晚上都光线充足。

客厅与阳台连接。在进行房屋装修时，将客厅与观景阳台连接设计是非常好的设计方案，这种布局可以让客厅照进更多的阳光，家里光线自然是充足又明亮。需要注意的是，阳台不宜种太高或太浓密的盆栽，以免阻碍光线。

晚间人工照明设计。在客厅自然采光充足的情况下，人工照明只应用于夜晚。灯光的光线宜柔和温暖，塑造出雅致温馨的客厅气氛。

背阴客厅

首选补充人工光源。 在立体的空间中巧妙利用光源能塑造层次感。适当增加一些辅助光源，尤其是日光灯类的光源，使其映射在天花板和墙上，能起到让空间明亮的效果。或者将射灯打在颜色较浅的装饰画上，也能有同样的效果。

统一客厅色彩基调。 背阴的客厅采光不足，因此不适合用深沉色调的装饰。家具可选择白桦、枫木亚光漆等浅色家具。地砖可选用浅米色亚光地砖，墙面可以采用蓝色的内墙乳胶漆。在不破坏整体氛围的情况下，漂亮的冷色调也能起到调节光线的作用。

最大限度增大活动空间。 如靠墙量身定做适合的壁柜和电视柜，节约多一寸空间。

50 巧妙家具摆放，助你轻松旺家

客厅家具在选购时有讲究，在摆放上也不能小看。只有将这些家具选择得当、摆放得体，才能真正有效改善家居风水，起到旺家运的功效。

沙发

忌选半套沙发。 沙发有很多类型，如单人沙发、双人沙发、长形沙发、3+1组合、3+2组合沙发等。无论选择哪种沙发，最好成套选择，最忌选半套，或者将方与圆的沙发并用。

忌没有护持。 沙发犹如客厅的重要港口，起着纳水、兴旺的作用。通常一个优良港口必定会在两旁伸有弯位，形如字母"U"。因此，沙发需各"伸出一臂"为佳，这样才能藏风聚气、纳财兴旺。

应放客厅吉位。 沙发是一家人日常生活的焦点，需摆放在客厅的吉位，这样在日常落座时都会多少沾一点吉祥气。

沙发最佳摆放位置是客厅的正南、正北、正东、东南这四个方位。

茶几

茶几高度不可过人膝盖。 风水学认为，沙发是主，代表山，茶几是宾，代表水，两者互相配合，才符合风水准则。因此，茶几的高度不能超过人的膝盖，面积也不能太大，以免喧宾夺主。

茶几形状要慎选。 茶几的形状以长方形和椭圆形为最佳，绝对不能选择带有尖角的棱角茶几，那样会破坏沙发的纳气之感。

茶几宜放在沙发前。 要保证让家人入座和使用茶几时，有足够的行动空间，若是摆放距离太近，则会有诸多不便。

51 客厅植物生旺化煞讲究多

植物与风水的关系非常密切，它可以改变阴暗角落气流的沉滞、缓和刚刚进入室内的气流。植物在某些情况下，能产生能量改变气场，如在有辐射的电器附近，能产生与静电相抵消的能量；此外，植物还能净化空气中的毒素。从风水效用上讲，植物摆放时别有一番讲究。

生旺化煞要区分

在风水学中，通常用常绿植物"生旺"，而用仙人掌类植物"化煞"。所以，客厅摆放植物遵循的原则是，在需要生旺的位置摆放大叶常绿植物，在不利的方位摆放仙人掌等带刺植物。

摆放要求要注意

以中小型植物为主。 在日常家居中，避免选用大型植物，以免在视觉上产生压迫感，应以中小型为主。

植物数量不宜过多。 客厅中的植物主要应着眼于装饰，数量能达到装饰效果即可，太多的植物反而给人杂乱的感觉。数量太多还会影响客厅的气流，导致客厅阴气加重。

摆放宜错落有致。摆放时应对中小植物进行合理搭配。比较大的植物可摆放在大厅角落等地方；小型植物则摆放在茶几、转角沙发等处。

🌐 保持旺盛要当心

平时养护好植物，使其保持旺盛的生长状态，如有枯黄、死叶、断枝，应马上更换。

52 室内安门须 "因地制宜"

有些朋友的家庭格局是客厅与卧室之间连着一条通道，会考虑到要不要安门。其实，如果能正确地安一扇门，既能使生活更舒适，还能收到聚财的风水效果。

🌐 宜安门的情况

通道尽头是厕所。 有些房屋的通道尽头是厕所，不仅会将出入厕所的人暴露在他人的目光下，厕所的秽气也会因此流入客厅，在风水上是不吉的象征。这里安扇门，就能避免这些问题。

大门直冲房间。 有些住宅将房门与大门及房间的窗户都设在同一条直线上，如果不在通道安门，家中的财气与旺气很容易流失掉。所以这种情况一定要安门。

🌐 安门的好处

保护隐私。 客厅是家人共同娱乐以及接待客人的地方，属于家中的公共场合，而卧室则是私密之处。在通道安门后，有门阻隔，卧室的私人生活领域能得到很好的保护。

保持安宁。 通道设门后，在房中休息的人可不被客厅的谈话声、喧闹声打扰。

美化家居。 大多数人会将客厅布置得整洁雅致，但卧室和通道容易凌乱。如果通道有门遮掩，凌乱的情况则不会暴露在外。

节约能源。 当家人都待在客厅时，如果通道有门，客厅的冷暖气不易流向卧室，从而避免了不必要的能源消耗。

🌐 不宜安门的情况

厅小别安门。 面积较小的客厅，如果在通道安门，会更显窄小。如果没有门，通道的深度能使客厅看起来深远开阔一些。

客厅窗少别安门。若客厅窗户不多，安门会令客厅的空气与卧室流通困难，不利风水的流转。

53 客厅梁柱与尖角的风水化解法

由于设计方面的原因，很多住宅的客厅存在尖角与梁柱，不仅使客厅失去了和谐统一，而且对整个住宅的风水都有影响。

尖角化解

木柜填平。可用木柜将尖角填平，低柜、高柜都可选用，能使尖角化"突兀"为"平坦"。

植物化解。将一盆高大、茂盛的常绿植物摆放在尖角位，植物旺盛的生机可以消减尖角对客厅风水的不利影响。

木板填平。可用木板将尖角遮盖，形成一道木板墙，并在木板墙上悬挂一幅山水国画，最好是高山日出图，用高山来镇压尖角位。经此改头换面后，不仅装饰了墙体又能达到化煞的效果。

掏空尖角再装饰。将尖角的中间一段掏空，设置一个弧形的多层木质花台，在花台上摆几盆绿色的植物、小装饰品等，并配合射灯照明。

梁柱化解

客厅梁柱分两种，一种是与墙相连的柱称为墙柱，另一种是孤立存在的独立柱。墙柱较易化解，通常用书柜、陈列柜等可化解遮掩。而独立柱则难处理得多，这里讲解如何化解独立柱。

离墙较近选填平。如果独立柱离墙较近，可用木板连成一体。柱壁板可用装饰画或花草来修饰，如果选用高身木板，墙上宜加装饰灯照明。

距墙较远作中心。将独立柱作为分界线，一边铺地毯，另一边铺石材；或者在独立柱的四边围上木槽，并种上植物，让独立柱不再显得突兀。

客厅吉祥摆设物的重点大盘点

在客厅适当摆放一些装饰物能起到辟邪和增强家运的作用。如主人从事竞争性的行业，可在客厅摆牛角，象征辟邪与斗胜。

🔘 字画

将吉利字画悬挂于客厅中堂，能起到锦上添花、旺上加旺的风水效果。

字画意头须好。悬挂在客厅的字画，应是指寓意吉祥与美好祝愿的书法，及象征荣华富贵的牡丹花画、象征年年有余的莲花锦鲤图等。那些意境萧条的图画，如夕阳参照、枯藤老树等图案，会使客厅显得暮气沉沉。长期居住其间，心情自然会受影响。

沙发顶字画宜横不宜直。沙发与字画形成两条平衡的横线，寓意相辅相成。

山水画水势向屋流。因为山主人丁水管财，水流入乃进财，流出则为泄财。

船画船头向屋内。船画船头忌向屋外，向外会损财丁，向内则能招财进宝。另外，挂奔马图时，马头也须向内。

🔘 鱼缸

在客厅中摆放一个鱼缸，不仅能装饰客厅，而且能起到挡煞、旺财的风水作用。

摆放位置讲究多。一、鱼缸宜凶不宜吉位。将鱼缸摆在凶位，有逢凶化吉的效果。二、鱼缸勿摆沙发后。水性无常，若倚之为靠山则难求稳定。三、鱼缸勿与炉灶相冲。鱼缸多水，而炉灶属火，鱼缸若与炉灶成一条直线，便犯了水火相冲之忌。四、鱼缸切勿摆在财神下。

鱼的品种要慎选。根据屋宅主人从事的行业来选择，龙吐珠鱼属于凶猛性动物，可以收煞旺财；七彩神仙鱼、锦鲤等鱼种有利财运。

55 电视背景墙颜色有玄机

电视背景墙是客厅设计与装饰的重点，也是风水规划的关键。因为电视背景墙多设在客厅的重要位置，其设计好坏关系到整体的宅运。在位置上，电视背景墙不能放置在财位上，财位主清静，电视机是喧闹之物，会影响家运；而在颜色上，电视背景墙可以根据主人的生辰和客厅的方位来选择。

结合生辰选颜色

作为客厅装饰的一部分，电视背景墙的颜色应与整个空间的色调相协调，如果不注意色彩协调，不仅会影响观感，还会影响情绪。我们可以结合主人的生辰来挑选颜色，春夏两季出生的人可采用清雅的冷色调，如白色、浅蓝色，秋冬两季出生的人可采用明快的暖色调，如黄色和红色。

结合客厅方向选颜色

在为背景墙选择颜色时，必须要考虑整个客厅的方向，而客厅的方向是以客厅窗户的面向而定。

窗户向南选白色。南向的背景墙最适合用白色做主色。南方五行属火，是火气旺盛之地，按照五行生克的原理，火克金为财，而白色是金的代表色，用白色作为主色可以生旺向南客厅的财气。另外，白色还能消减燥热的火气。

窗户向北选红色。北向的电视背景墙最适合用红色做主色。北方五行属水，北方是水气当旺之地，而水克火为财，用紫色或粉红色可以生旺向北客厅的财气。但记住最好不要选用火红色，火红色容易引起脾气烦躁。另外，冬天天气阴冷，向北的客厅会更加寒冷，采用暖色调可让人产生温暖的感觉。

窗户向东选黄色。东向的电视背景墙最适合用黄色做主色。东方五行属木，是木气当旺之地，而木克土为财，黄色是土的代表色，因而选

黄色为主色可生旺向东客厅的财气。

窗户向西选绿色。西向的电视背景墙最适合用绿色做主色。西方五行属金，是金气当旺之地，金克木为财，而绿色是木的代表色，用绿色为主色可生旺向西客厅的财气。另外，西照阳光酷热刺眼，而绿色正好清新又护目。

56 客厅风水，吉祥挂画巧取舍

很多年轻人喜欢选择一些有纳福镇宅的吉祥物做为客厅装饰，并在沙发后挂上一幅吉祥画，以体现出自己的品位和修养，可是市面上的挂画那么多，哪些才能真正起到吉祥的风水效用呢？一起来参考一下吧！

九鱼图

"九"代表着长长久久之意，而"鱼"则寓意年年有余，万事如意的意思，九条鱼儿在池塘嬉戏，选这样的挂画放在家中寓意"吉祥如意"。

三羊图

俗话说"三羊开泰"。"羊"取其谐音，即为"阳"，而"泰"是《易经》中一个招福卦象，悬挂一幅三羊图，可以为家里人招来好福气，给家里人带来好运。

骏马图与百鸟朝凤

除了鱼儿和羊有吉祥的意味，在客厅里面悬挂八骏马，或者百鸟朝凤图，也能带来欣欣向荣之感，为家中增添祥和的瑞气。

虎挂图

老虎是凶猛而残忍的动物，风水上讲虎挂图有镇宅的作用。但是对于一些喜欢这种图案的朋友来说，在客厅悬挂老虎图应慎重，避免给自己带来不利的影响。悬挂时虎头不可向着屋内，而应向着屋外或者大门外，这样才有镇宅的效果，同时抵抗一些煞气。

龙挂图

龙是吉祥的象征，有富贵至极的寓意。如果选定了一幅吉祥的龙挂图，在悬挂的时候要注意：首先龙头要向内，不可向外，向外属于外奔之象，即心往外跑的意思；其次，悬挂龙图，家里就不应有虎图，否则形成"龙虎斗"，家中会经常大吵小吵不断。此外，龙挂图的悬挂位置应为客厅的青龙方为最佳。

柔美的风景画

壮丽的日出之图、优美的湖光山色、绚丽的牡丹花等风景画，都可以挂在客厅之中，人们在忙碌一天后回到家中，能感到轻松与舒适。

卧室 开运妙计

通过睡眠，人可以甩掉疲惫，
重新调整到饱满的精神状态。其实卧室布置对睡眠质量有重要影响，同时卧室也是夫妻独处的空间，经过精心布置的卧室可以提升夫妻感情，而在布置上存有疏忽则可能会破坏夫妻感情，对主人的运势也会造成不利影响。

57 卧室紧小为佳，大则吸人气

人的睡眠主要在卧室进行，因而卧室在聚集能量上发挥着重要作用。而古代风水理论讲"屋大人少，是凶屋"，对于卧室来说，也同样需讲究这一点。

 卧室忌大

卧室面积大能量损耗多。在卧室中开空调，卧室面积越小，制冷需花的时间越少，说明空间越小，相对需要的能量越少。人体也是一个能发光发热的能量体，也在每时每刻向外散发能量，与空调同理，如果居住的房子过大，身在其间的人也会消耗过多的能量。

卧室面积不超过20平方米为宜。人体散发出来的能量，即风水学中讲的"人气"，风水学认为房子会吸人气。房间越大，人会需要用越多的能量去填充，会对身体造成很大的损害，会导致体质下降，工作时无精打采，判断力变弱，从而使整个人的运势走下坡路。实践也证明，卧室面积最好在15平方米左右，不宜超过20平方米。

卧室忌一分为二

卧室面积再大，也不可以用屏风等将其隔成两间，因为这样，从风水上讲会不利于夫妻感情，严重者可能会发生婚外情。

58 卧室床头必须有"靠山"

好的床可以帮助我们迅速恢复体力并保障健康，因此大家都很重视床的选择，其实床的风水也非常重要，摆好了不仅对我们的身体健康有益，还能帮助我们趋吉避凶。

没有"靠山"，做事不顺

稳定、和谐是卧室风水的主调，床头靠墙就是为了求得稳定，就像拥有了靠山一样，自然稳定无忧。如果床头不靠墙，必然会留出空间，形成空虚之局，人会因此容易患上神经衰弱。

床的右侧不宜靠墙

床右侧的空间不能少于左侧的空间，在右侧摆放的家具，高度也不能超过左侧的家具。如果床右侧靠墙，可以调换床头，或者睡在另一头，这样就变成卧床左侧靠墙了。

卧床与窗平行为佳

卧床与窗平行布局为佳。若床头对着窗户，夜间睡觉易受不利磁场的干扰，长此以往，夫妻感情会出现裂痕。

> 开运达人问答

Q:听说床头不靠墙时，可用床头板替代，请问床头板的在风水上有什么讲究？

A:床头板有各种形状，如果结合主人的八字用神或喜神来选，可以助旺运势。用神或喜神为木时，床头板宜用波浪形或长方形；为火时，宜用长方形或多菱角形；为土时，用多菱角形或正方形；为金时，用正方形或圆形；为水时，用圆形或波浪形。

59 卧室带阳台，能量流失快

很多朋友在购房时愿意挑选带阳台或低飘窗的卧室，觉得这样的构造使卧室光线充足又通风透气，对身体健康也会有好处。殊不知，这种构造会对人体产生不利的影响。

⚙ 不利能量保存

风水学中的"气"，指的是人体存在一种维持生命的能量场。睡眠时人体的能量最容易散失，因此我们必须保证休息环境既能为我们保存能量，还可以补充能量。如果卧室带阳台，又有落地窗的话，其中的玻璃无法阻挡和挽留人体发出来的光能，这样一来，卧室相当于完全敞开，肯定不利于人体能量的保存。

⚙ 引发后遗症

在没有空调的年代，人们为了凉快，会到露天的阳台或天台睡觉。第二天醒来后，往往感到很疲惫，人们把这归咎为"打雾水"，其实是因为能量消耗太多了造成的。如果房间带阳台，同样会引起"打雾水"后遗症，因为能量的散失，人容易睡不踏实。

⚙ 更忌房门冲阳台

通常卧室在设计时，会将房门与阳台设计成一条直线，房门正好冲着阳台，而阳台的门一般设计成几扇落地玻璃拉门，这样进入房间的能量很容易从阳台流出去。

60 卧室当然要摆些吉祥物

卧室放吉祥物大有好处，主卧摆放一些合适的吉祥物，可以使夫妻感情更融洽，有孩子的摆放吉祥物能有助于孩子的学习和成长。来看一下有哪些吉祥物适合在卧室摆放吧。

化煞龙凤镜

除了桃木化煞制桃花外，还能帮助夫妻和好如初。它专为弥合夫妻感情而设计，确保家庭和睦，并能抵挡第三者干扰。

吉祥如意瓶

汉白玉瓶体加上桃木底座，设计十分精致。放在客厅，能使合家欢乐；摆放在主卧室床头，能令夫妻情意融融。

铜葫芦

若夫妻缘薄，可摆放一只铜葫芦在床头，可令夫妻恩爱情浓。另外，家中若有人患病，可摆放此法器，对健康有利。

久久百合笔筒

百合寓意为百年好合之意，将久久百合笔筒放于夫妻感情出现问题的卧室，能帮助感情愈合。宜选白色开光为好，如果笔筒能放上两人的合影照片，增进感情的效果会更佳。

风水塔

风水塔利于学习、前途及事业。有孩子的家庭可将其放在孩子卧室的床头，成人则可将其放在案台上，学者放在书柜，可令文思敏捷。

> 开运达人问答

Q：除了摆放吉祥物外，还能放一些植物吗？

A：植物具有灵性，可用来调节环境气场，舒缓紧张情绪，在卧室适量放一些植物是有好处的，但有些花卉像月季花、兰花、夹竹桃等不适合摆放在卧室。另外，植物切忌太多，否则植物产生的大量阴气会不利人体健康。

61 卧室衣柜不可过于高大耸立

衣柜是卧室中最重要的收纳家具，很多朋友都会在家中摆放一些高大的衣柜，用来存放衣物或其他相关物品。但从风水上说，卧室最好不要摆放过于高大的柜子，如果选择不当，不仅会影响家中阳气的聚集，还会对主人的运势有所阻碍。

🌐 衣柜高大耸立影响运势

在卧室面积不大的情况下，过于高大的柜子放在离床较近的地方，不但会有危险，而且会使卧室内的人产生巨大的压力。

当高大柜子摆放在床的右侧或床头方位时，会影响人的健康，导致失眠和经常性头疼等疾病，并且在运势上会阻碍学习或事业向前发展。而如果能将高大的柜子改成靠墙的壁柜，上述影响就会大大减小。

🌐 衣柜宜摆放青龙位

很多家庭的女主人喜欢将梳妆台设在卧室，但梳妆台为女性所用，属阴，应摆在床头的右边白虎位，白虎位也是属阴，这样摆放符合阴阳契合之道。

如果床的右边白虎位放了梳妆台，可将衣柜放在与梳妆台对应的左边青龙位上，正好可以契合青龙位的阳气。这种布局可使卧室维持较为旺盛的阳气，可令家中人丁兴旺，财源广进。

🌐 衣柜忌形状怪异

现在很多时尚家具都会做成形式各异的造型，许多年轻人为了标新立异，会在卧室中选用形状奇特且不平整的柜子。而从风水学来说，不平整即代表不和谐，卧室中如果有这样的柜子，久而久之，夫妻之间容易生口角起争执。其实柜子的作用重在收纳，风格简约一些为佳。

🌐 衣柜巧选色彩助温馨

衣柜是卧室里的主要家具，其色彩对整个房间的色调有重要影响。在选择色彩时，不仅要考虑个人的喜好，还应注意要

与卧室的大小、室内光线的明暗相结合，并要与墙、地面的色彩相协调。对于面积较小、光线较差的房间，不宜选用冷色调，而主卧、朝阳的卧室则可以随意选择。

62 巧摆梳妆台，增加一点小金库

梳妆台是女主人扮靓的好地方，也是帮衬女主人财运的法宝。每天坐在梳妆台前，欣赏变美的自己，是不是觉得气色都要好很多，有一种红光满面的感觉呢？梳妆台有着重要的风水含义，在摆放有梳妆台的家中，女主人的财运会更加稳定。

⊕ 梳妆台摆放的位置

梳妆台既然有着如此重要的风水效用，在摆放上要怎样做才符合风水原则呢？

梳妆台在摆放上不宜直着对着大门，因为梳妆台都会带有一面镜子，而当财运从门口降临之时，很容易会被梳妆台的镜子反射回去；梳妆台也不要对着床头，这样在睡觉中看到自己的影像，容易受到惊吓，精神上也会产生恍惚感。

⊕ 梳妆台可以用其他摆设代替吗

很多80后年轻人在家居摆放上有着大胆的思维，有些人甚至将书桌、电脑桌放在角落当成梳妆台，目的都是为了更加方便或者节省空间。但是对女主人的财运来说，却会造成不利的影响。因为标准的梳妆台应该具备镜子、抽屉等元素，并且尽量使功能相对单

一，如果将梳妆台与书桌的功能混淆，会有财运被窥探的感觉，自然就无法为女主人聚集财气了。

⊕ 梳妆台催运小妙招

想让自己的财运旺上加旺吗？女主人可以在梳妆台的左边摆放上一盆植物，如铜钱草；或者一个瑞兽，如貔貅；或者养一只招财龟等，都能让女主人的财运更旺，同时还能帮你稳住自己的钱财不流失。

63 柔和卧室光线，小两口感情升温

卧室风水好坏关系到我们是否能补充到充足的能量，在卧室风水中卧室光线是重要的一环。无论从美学还是心理学角度考虑，卧室的光线都应以柔和为主。

● 忌"吊灯压床"

卧室床铺的正上方不宜有灯具，更忌讳有吊灯，床的正上方安有吊灯在风水上称为"吊灯压床"，风水学认为这会带来很重的煞气，不利于人的身体健康。心理学也认为这种形式会给人以不好的心理暗示，增加人的心理压力，会导致失眠、噩梦、呼吸系统疾病等一系列健康问题。所以一定要保证床的正上方屋顶空旷。

● 整体光线柔和

在安装为卧室提供整体照明的灯具时，在布置上最好令灯光从卧室的四个角射向天花板，这样经过天花板的

折射，光线会变得柔和。如果整体光线暗淡，可以通过加设台灯等来增强局部的光照效果。在光线黯淡的卧室，白天有人在时也应将灯打开。

● 床头灯以两盏为宜

因为床的正上方不宜设灯，在床头安灯是不错的选择。设在床头的灯最好是两盏，这样在光线柔和的前提下，也不会影响照明。如果照明的灯是床头柜的独立电灯，应该给灯配上灯罩。

64 别让卧室家具打扰了好梦

卧室是我们休息和获取能量的地方，一定要注意家具的摆放，若摆放不当不仅会影响睡眠质量，还会造成不好的风水效应。

● 镜子

我们常常需要在卧室中照镜子，需要注意的是，不要让衣柜镜或梳妆镜对着床。

镜子对床不利睡眠。我们在卧室休息时，气场会变弱。如果镜子对着床，会使气场不稳或减弱，容易产生煞气。这种煞气会影响到人的睡眠，时间久了还会导致人患上神经衰弱方面的疾病。

镜子对床不利婚姻。镜子属金，具有增旺夫星或增旺妻星的作用，而无论是增旺哪一方，都是不利于婚姻的。床头有镜子反射，代表夫妻感情不和，甚至有第三者。另外，如果夫妻的睡床长期被镜子对着，还可能影响到生育。

电视

在卧室中不应摆放太多的电器，电器过多在风水上称为"火宅"，会影响健康，并且电器的辐射也会影响健康。卧室电器的代表是电视，所以应格外注意电视的摆放。

电视对床脚危害健康。脚是人的第二心脏，如果处于待机状态的电视正对着床脚，其产生的电磁辐射必然会影响到双脚的经络运行及血液循环，不利于身体健康。

电视"变"镜子影响婚姻。电视如果对着床，在不看时会"变身"为镜子反射到床，同镜子一样会制造第三者，破坏婚姻。所以从风水角度不提倡卧室摆电视。有一种特殊情况，当夫妻五行缺火时，可以在房中摆放，因为电视属火。

空调

因为冬夏两季的原因，许多家庭开放空调的时间可能在半年以上，因而空调是影响家居风水的重要电器。合适的空调摆放能起到调节风水的效果。

根据五行缺失摆空调。空调属金，结合家庭成员五行缺失来摆放，会收到很好的风水效果。如果男主人缺金，可放在西北方；女主人缺金，可放在西南方。

二手房的空调应重置。二手房原先的空调很可能积聚了上一家人的细菌和霉气，会影响自身的健康和运气。即使原先的一家人很兴旺，也是别人的气场，当另外的人使用空调时，如果冷气中释放的是与自身完全不同的气场或气味，会对风水产生不利影响。所以在入住时，应重置新空调，如果无法更换，一定要将空调彻底清洁消毒，防止病菌从空调散播。

餐 厨 开运妙计

厨房和餐厅是家人准备食物和进餐的地方。
餐厨装修不仅影响进食情绪，还关系到家人的身体健康以及家中财运。
好的餐厨装修不但能营造出良好的就餐氛围，还能令家人健康、
团结，家庭多福多财。

65 精准餐厅装修，提升家庭凝聚力

餐厅既是家人进餐的地方，也是家人增进感情的好场所。通过巧妙布置餐厅风水，可以提升家人的凝聚力，还能使家人健康，家中财源广进。

选亮色装潢

餐厅是家人补充能量的地方，由于餐厅是进食的区域，所以跟家庭的财富也有很大关系。餐厅应采用亮色的装潢材料，并保证餐厅拥有充足的光线和明亮的照明，以增加火行的能量，蓄积阳气，增加财富。

布置讲究阴阳平衡

餐厅应布置成阴阳调和、并略偏阳的空间。因此，祖先画像或古董家具等属阴的物品最好不要摆在餐厅，阴气太重会损害家运。当然，在布置上也不能太突出阳气，阳气过盛会引起家庭不和。

屋角、梁柱

餐厅中应避免出现尖锐的屋角或梁柱，会释放煞气不利家运。如果有屋角，可用家具和植物

化解。有梁柱的餐厅，应避免坐在梁下。另一个方法是安装仰角照明灯，使灯光直射屋梁。

餐桌造型

餐桌的形状具有重要的风水意义。餐桌最好呈圆形或椭圆形，象征家人团结、家业兴隆。如果餐桌为方形，则应避免坐在桌角。

吉方

用餐时，家中每位成员都应朝向本命卦的四个吉方之一而坐。男主人一般负责家人的生计，应朝生气方而坐。女主人朝延年方而坐，代表家庭和乐。子女最好朝向伏位方，有助文昌运。

镜子

餐厅是家中唯一可以悬挂镜子映照食物的地方。在餐厅装设镜子，映照出餐桌上的食物，可令财富加倍增长。切记，千万不要在厨房挂镜子，可能会导致火灾等意外发生。

吉祥物

餐厅适合摆福禄寿三星，寓意多福、前程似锦和健康长寿。此外，挂一些水果和食品的图画，不仅促进食欲，还

会带来好运。其中橘子代表富贵，桃子代表健康和长寿，石榴代表多子多孙。

餐具

筷子和汤匙最适合中国人进餐，这样可以避免尖锐的刀叉冲煞。挑选碗盘时，选择用龙、芙蓉花或桃子等吉祥物做装饰的碗盘，可以带来好兆头。

66 餐厅核心：餐桌也讲风水

餐桌不仅是餐厅最重要的陈设，而且对整个家庭的运势都有影响。如果不小心触犯了风水禁忌，可能会导致家庭破财或是影响家人健康。

座位幸运数字

餐桌的座位数也会影响到家运。因为家中的用餐人数一般是固定的，所以可以在宴客时根据幸运数字安排客人的数量。六、八、九是属阳的幸运数字，可以参照这几个数字决定请客的数量。

形状圆形最佳

圆形餐桌如满月，象征合家团圆、亲密无间，可以很好地聚拢人气，还能起到烘托进食气

氛的作用。方形餐桌也经常出现在餐厅，方形餐桌也有其风水意义，如可坐八人的"八仙桌"，象征八仙聚会，非常吉利。另外，方形餐桌方正平稳，也象征家运平稳不易起波折。

⊛ 质地有讲究

餐桌的质地也会影响就餐风水。如以大理石做桌面的餐桌，给人坚硬、冰冷的感觉，虽然有较强的艺术效果，但会迅速吸收人体饮食后产生的能量。玻璃餐桌也会造成同样的后果。最好选用木质的餐桌。若十分青睐大理石和玻璃餐桌，在形状上不妨选圆形，圆形能调和坚硬的质地。

⊛ 忌大门直冲

住宅风水讲究"喜回旋忌直冲"，如果大门直冲餐桌，会导致住户的元气泄露，家中财产也容易往外泄。并且大门与餐桌成一条直线，外人能看到家人的就餐情况，会干扰到家人用餐，从这个角度来讲也不合适。

⊛ 忌厕所门直冲

厕所在风水上被视为"出秽"的不洁之处，因此越隐蔽越好，如果正对餐桌，对家人健康不利。所以应避免餐桌与厕所门直冲。如无法避免，应在餐桌正中摆一个小水盘，用水浸养开运竹或铁树头，可以化解这种不良格局。

⊛ 不宜正对神台

神台是供奉神祇和祖先的地方，不宜与凡人进食的地方太靠近，宜选安静之处。如神台所供奉的是观音、佛祖，家人在吃鱼肉时，正对神台会显得大不敬。因此，餐桌应尽量与神台保持距离，千万不要让餐桌、神台在一条直线上。

67 "火"力灶台，放哪里能旺财

在家居风水中，灶台发挥着重要的作用，传统风水一直非常注重灶台的定位，古籍《阳宅三要》认为灶台是食禄之源，为风水三要之一。灶台的确有很重要的风水意义。

忌对厨房门

厨房门是厨房与外部连接的通道，如果灶台正对厨房门，油烟燥气很容易进入室内，会影响到整个家居气场环境，使人脾气暴躁，家人不和。

忌对厕所门

灶台正对厕所门在风水上是相当忌讳的，这样厕所里的冷湿秽气一旦与油烟火气冷热相交，容易污染食物，从而影响健康。

忌背后无靠

灶台如果设在厨房中央，四面无靠，会影响家运稳定，令家人精神压抑，还会有破财之灾。因此，灶台应靠墙而放，这样主人做饭时背后有靠山，家人的健康和运势都有保障。

忌贴近水源

灶台不要贴近洗菜盆、水龙头等水源，因为水火不容，会对运程不利。另外，也不可靠近冰箱，灶台中的火气与冰箱中的冷气相撞，会损耗能量。

灶台忌放西方

传统风水学认为，西方的"金"受到炉中的"火"相克，容易破财。并且西方是日落之向，

暮气沉沉，做饭时炉灶吸收了这些不好的"暮气"，自然会不吉利。

忌悬空

由于厨房空间不足，常有人将其悬空搭建在外飘窗或在阳台上，从风水角度讲，这样很不恰当，最好是炉灶"落地"，这样善得地气，有助财运。

68 四个摆设让厨房聚财又生财

水是财富的象征，而厨房在洗涤和烹调食物的过程中，会用掉大量的水，因而不利于蓄积财运，对于厨房这种"先天不足"，可以通过几种常见的摆设来改善。

厨具摆设

锅使用不当影响财运。在厨房的各种用具中，锅是使用者的根基，不使用的锅会使"气"分散，烧焦的锅会使财运下降，所以应尽量将这类锅扔掉。

炊具摆吉方。厨房里的微波炉、电饭锅应

摆在主厨者的生气、天医、延年、伏位四个吉位之一，微波炉和电饭锅的插座也应该位于吉位。

阳光不宜照射刀具。厨房内的刀锅铲等挂在窗户下，暗示"衣食"无依无靠，有钱财进入，家人衣食无忧。如果阳光正好照射到刀架上，最好将刀具放在柜子中收起来。

🌐 米缸

米缸宜放"土"位。风水理论认为"仓库"（米缸）为藏禾（米）之所，属土，应安放在"土"当旺的方位，即西南方及东北方。

米缸补满，衣食无忧。米缸应随时补满，象征家中衣食无忧。另外，用红包袋装八枚古铜钱，放入米缸中，能为家中招来钱财。

🌐 冰箱

冰箱方位宜吉不宜凶。冰箱是用来储藏一家人所需的食物的，且二十四小时不停地运转，倘若放在凶方，会影响家人的健康。

巧用冰箱来补金。冰箱属金，如果家中有人缺金，可将冰箱放在他所属的方位上。男主人缺金，可将冰箱摆在厨房的西北角；女主人缺金，将冰箱摆西南角。

🌐 植物

南向厨房摆植物助储蓄。厨房位于南方，受到强烈太阳气的影响，容易花钱大手大脚，观叶植物可以缓和太阳气，帮助储蓄。

东向厨房摆红花。厨房位于东方是大吉，在桌上或冰箱附近摆红花，有利于家人健康。

西向厨房可摆水仙。厨房位于西方，可在窗边摆放金黄色的花、水仙及三色紫罗兰，不仅可以挡住夕阳的恶气，还能带来意外之财。

北向厨房可摆粉红色花。厨房位于北方，在桌上或橱柜上摆放粉红、橙色的花，可使室内充满活力。

69 好装饰让厨房成为"能量"之源

厨房是家人的"能量"之源，直接关系到家人的健康。好的装饰，可以布置出有利于家人健康的厨房环境。现代厨房因受空间的限制而普遍偏小，因此在布置上要掌握好视觉效应，通过色彩、造型等不同的组合方式让厨房在色觉上多姿多彩，可以弥补厨房的先天不足。

厨房色彩

色彩浓淡各有千秋。采用暖色调的色彩，可以使厨房显得活泼、热情，能增强食欲。浅淡而明亮的色彩，能使狭小的厨房显得宽敞舒适。如厨房空间过高，可在天花板上采用稳重的深色，能在视觉上降低高度。采用纯度低的色彩则能布置出一间温馨的厨房。如果阳光采光充足，可用冷色调装饰，当夏天炽热的阳光照进来时会显得凉爽一些。

厨房地面

地面不宜比厅高。厨房地面不宜高于过餐厅和客厅，一方面是为了防止污水倒灌，另一方面也显得主次颠倒。另外，厨房如果比厅低，从厨房入厅，则寓意"步步高升"，是吉祥的象征。

地面用料应注意防滑。厨房是用水较多的地方，潮湿的地面很容易使人跌倒，因而应选用防滑的地砖或铺设防滑垫。

厨房通风与照明

厨房应有窗。厨房在做饭时往往产生较多的油烟和废气，在安装油烟机的前提下，如果在厨房开一扇朝向开阔空间的窗户，能使油烟尽快排除，就能减少油烟、废气对人体造成的伤害。

厨房光线应充足。充足的光线能使空间显得明亮开阔，置身其中的人也会身心舒畅，能烹制出更可口的食物。厨房宜设日光灯，它可以起到调节风水的作用。厨房是将原先有生命的东西煮成熟食，所以阴气较重，选用1或3灯头数的灯可消除这股阴气，但注意灯光应是白色，如用黄色的灯会使阴气加重。

70 布置餐厅好风水，向四大要素看齐

风水布置良好的餐厅对整个家庭都具有重要的意义，正所谓"家和万事兴"，良好的餐厅风水不但可以加强家庭成员的凝聚力，还有着招财的作用。而家人进餐，在我国文化中也是一项重要的家庭行为，餐厅拥有好风水看，会让家中充满着祥和之气。

⊕ 餐厅格局要方正

无论你的餐厅是独立的空间，还是从客厅中划分出来的一个部分，从风水的角度来看，餐厅的格局都应该以方正为佳，不能有缺角或者有凸出的部分。如果出现了上述问题，则应该使用家具、装饰品等进行视觉上的填补。通常来说，长方形和正方形的格局为佳。

⊕ 餐厅酒柜的设置

在餐厅除了餐桌、餐椅这种必不可少的家

具，有条件的情况下，还可以配置一个酒柜，不一定非要装酒，收纳一些餐具也是非常实用的。

加上酒柜大多高而长，象征着高山；而餐桌一般矮而平，象征着水，这样的对应可以形成一种极佳的风水格局。

⊕ 餐厅灯光要有亲切感

很多人都青睐造型华丽的灯具，但其实在客厅里，灯具不宜太繁琐，而应以实用的垂吊型灯具为佳，这种灯长度可以调整，很多都带有一个对应的灯罩，散发出来的光线也很柔和，能够营造出亲切的光感，从而增加食欲。

⊕ 餐厅软装饰品不宜过多

餐厅整体的装修风格应当以"简洁优雅"为主，而整体的环境气氛应当以"和气"与"福气"为主题。最好保证有一定的活动空间，在风水学上这种空间被视为好运气的空间，所以不应该太拥挤，软装的东西应侧重于实用为佳，不宜过多。

71 餐厅陈设细致，可令家人健康

餐厅中陈设的物品种类及位置不同，会给家人带来不同运气。因此，在餐厅陈设上既要讲究美观实用，还要注意相关的风水禁忌，切不可随意堆砌。

● 餐厅陈设物摆放总原则

如果餐厅设在厨房，那么餐厅的陈设物应与厨房内的设施相协调；如果餐厅设在客厅，餐厅的陈设物应与客厅的功能和格调相统一；如果餐厅独占一间，可按照家居的整体格局设置得温馨浪漫一些。

● 餐桌风格

餐桌的风格应与餐厅风格一致，整个家庭风格和谐一致，就能

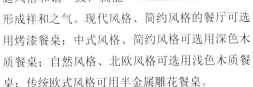

形成祥和之气。现代风格、简约风格的餐厅可选用烤漆餐桌；中式风格、简约风格可选用深色木质餐桌；自然风格、北欧风格可选用浅色木质餐桌；传统欧式风格可用半金属雕花餐桌。

● 餐厅软织物

餐厅中的餐布、餐巾及窗帘等软织物，在挑选时也有讲究，应选用较薄的化纤类布料。最好不要选厚实的棉纺织物，棉纺织物容易吸附食物气味，并且难以散去，形成一股晦气会破坏餐厅的气氛，同时也不利于健康。

● 餐厅植物的选择

餐厅绿化宜采用垂直绿化式。餐厅的面积一般不大，适合用垂直绿化的方式。具体做法是在餐厅的竖向空间，用挂嵌或垂吊等形式点缀以绿色植物，能收到很好的装饰效果，也是有利于餐厅风水的做法。

根据情况选花卉。如进行晚宴，可在餐桌摆放红、黄、紫等深色花朵，可使人感到稳重，更有利于聚集好人缘；如朋友聚会，可以热烈奔放一些，白色、粉色等显得明亮耀眼，使人兴致勃勃。

花香不宜过浓。餐厅主要是用来品尝菜肴的地方，香味过于浓郁的花朵最好不要选用，否则会干扰到食物的香味，也影响了进食的好情绪。

瓶花应与餐桌布局协调。圆形餐桌，瓶花的插置以呈圆形为宜，这样更显和气；而长方形的餐桌，瓶花的形状宜成三角形。

卫浴 & 开运妙计

卫生间和浴室由于其特殊的功能，很容易"沦落"成污秽和潮湿之地，因此在装修时要特别注意通风和排水，否则会不利家人健康。同时，因为卫浴容易脏污，会导致"杂乱之气"弥漫而破坏风水，在装修时应想办法化解。

72 妙方轻松化解卫浴不良布局

浴室和卫生间五行属水，而水主财，因此卫浴对财运十分重要。同时，浴室和卫生间都是污秽之水聚集之处，很容易招来二黑五黄的病气，不利于家人健康，所以卫浴的位置十分重要，其最佳位置是家宅的东部与东南部。若位置较差，可用物品化解。

● 北部不良

北部卫浴的水能过于旺盛，有淹没之险，就造成气能流动缓慢，会消耗人的精力。通过种植高大的植物引入木能，能排走过量的水能。且这类植物能带来气能与活力，有助于卫浴的风水。

● 东北不良

卫浴位于东北部是最不可取的位置，因为这里的土能破坏了水能。可在东北处放一个装满海盐的白陶碗或放上一樽铁质雕塑，可以有效改善。

● 东部良好

东部方向的卫浴水气能与木气能协调，这个方位的风水效应良好。有一点需要注意，厕具冲水与淋浴水排走时是向下活动的，与木的向上活动对立。化解方法是在卫浴摆一盆高大的植物，以增加向上的木能。

东南良好

位于东南部的卫浴与东部卫浴风水效应差不多，需要注意的也是水的排走限制了木的向上活动，因此可参照上一方案进行化解。

南部不良

南部卫浴的水气能摧毁火气能，容易导致人缺乏激情，缺少获得公众认可的机会。化解的方法是启动木气能以调和水与火，具体做法是在卫浴的干区铺设地板或摆放木质柜体来化解。

西南不良

西南卫浴的气能不稳定，并且西南的土气能摧毁水气能，如果不加以阻止，最终会导致身体患病。化解方法是启动金能，使土与水协调，具体做法是在卫浴放一碗海盐，另外再放一个铁盆或铁的塑像，一些白色、银色或金色的东西。

西部不良

西部卫浴的金能被水能耗尽，会导致家中钱财用尽。化解方法是摆一盆红色花卉，或是铁盆或铁的塑像，都可以启动金能。

西北不良

西北卫浴的水能耗尽金气能，使人精神空虚。化解方法是种白色花卉或摆圆银盆、金属雕像。

73 干湿分明的卫生间

将卫浴间的淋浴区与其他区域相分隔，可以避免淋浴时水花四溅，有效保持室内干燥。卫浴间干湿分区后，就不用担心化妆品、毛巾、装饰画等摆在卫生间受潮发霉了。

节约空间的淋浴房

淋浴房干湿分明。对于小面积的卫生间，设置淋浴房既能节约空间，又能做到与厕所干湿分明。淋浴房的淋浴屏可选用防爆钢化玻璃，并用色彩反差强烈的现代图案装饰，能给浴室带来不一样的明亮感和节奏感。

淋浴屏安装要牢固。淋浴屏一定要安装在承重墙上，玻璃

屏风的门夹内最好加一层工程尼龙垫片，使门夹更灵活，与门的链接强度也会更大更稳固。

浴缸门兼顾泡澡、淋浴

泡澡和淋浴并不矛盾。想要有干湿分离的洁净空间，可以选择在淋浴区加装拉门或者在泡澡区加装拉帘。但拉帘只能局部阻隔水珠四溅，如果想要同时享受泡澡和淋浴，又不想拆除原有的浴缸，这时可在原有的浴缸上加装拉门。

改装可以很轻松。目前市场上的淋浴拉门有适合角落使用的，以及平面使用的一字落地型，门片大小依浴室空间大小细分成双门、三门、四门及六门式，并且改装并不需要花费太多时间和金钱，自己动手或请专人安装都行。

74 马桶和镜子，卫生间风水两大关键

卫生间不仅潮气重，而且容易脏污，风水学认为弥漫在卫生间的"杂乱之气"是不吉利的，因此卫生间的设施要慎重摆放。马桶和镜子是卫生间的重要设施，布置是否得当直接影响到卫生间风水的好坏，要格外重视。

马桶

马桶是卫生间最重要的设施，如果放置不当，会引起诸多不顺，要十分注意。

不可与大门同向。便器的方向不可与住宅大门方向一样，比如大门朝南开，如果人坐在便器上也向南，就是典型的泄财格局。

不可与卫生间门相向。人在上厕所时，正对着门会很不雅观而且退财，不论是风水上，还是

就格局来看，都不稳妥。因此，马桶的坐向最好和卫生间门垂直或错开。

不宜坐北朝南。马桶不宜坐北朝南，也不可明冲床位、暗冲灶位，这样会形成水火对攻的局面，影响家运。

马桶应靠墙。如果马桶处于卫生间的正中间，不仅会破坏卫生间的整体局面，显得比较突兀，还会给生活带来不便。

◉ 镜子

　　卫生间是最适合放镜子的地方，晨起照镜子可以使晚上睡觉时收缩的能量重新散发出来，从而使新的一天精神抖擞。

　　镜面应干净。镜面干净才能保证镜子里照出来的是本人真实的影像，并且镜子要保证能照到全身，而不被分割，否则会不利健康，并且使人变得迷惑、优柔寡断。

　　镜子方形为佳。方形、四边形代表了有序和平衡，并且方形的镜子与圆形的盥洗盆等组合，象征了"坤"的平衡，寓意家人平安、家运少波折。

　　镜子越大越好。洗手间的镜子越大越好，特别是在封闭无窗的房间里，大大的镜子可以提升空间感，还能加快室内气流。

75 光源，让卫浴间旺起来

　　良好的照明不仅可以使人感到轻松愉快，而且有助于旺气的流动，所以卫浴间巧妙布置照明灯很重要。

◉ 布置有重点

　　很多家庭的卫浴间都采用明亮的浅色来营造干净爽快的气氛，其实卫浴间的光线不必过于充足，只需在几处进行重点布置即可。具体而言，整体上宜选白炽灯，可在化妆镜旁设置独立的照明灯；如果卫浴间采用干湿分明的布局，可在镜子周围设置一圈小射灯，有很好的装饰效果；面积较大的浴室，可在盥洗盆的镜子或墙上安装壁灯，通过反射出的强烈灯光来照明。

◉ 让沐浴更浪漫

　　很多家庭越来越青睐用"浴柱"或"浴板"等电子温控淋浴装置，其顶部一般都设有灯光。这类新型的灯光能帮助营造出朦胧浪漫的沐浴气氛。在结构配置上，多数"浴柱"在顶部喷头附近设置了柔和的灯光，因此沐浴区不用再设照明装置，而且即使浴帘挡住了浴室的部分灯光，对洗浴的采光也不会有影响，十分方便。

76 浴缸风水不佳 会影响身心健康

浴缸是卫浴间的主角之一，当身心俱疲时，泡一个澡往往能褪去疲惫，让心情也轻松起来。因此浴缸的风水也很有讲究。

⊕ 浴缸不可"高高在上"

卧室套间不宜采用嵌入式浴缸。有些家庭在装潢卫浴间时，喜欢砌一个高出地面的盆台，然后将浴缸嵌在盆台里。这种形式很美观，但最好不要用在卧室所套的卫浴间。

传统的"家相学"认为，卫浴间的地面不能高于卧室的地面，尤其是浴缸的位置不能"高高在上"。五行学说认为，水是向下流的，属润下格，而长期住在被水"滋润"的卧室，容易患内分泌系统疾病。如果十分喜欢嵌入式浴缸，不妨将它设在离卧室较远的卫浴间里。

⊕ 浴缸不可存水

浴缸存水会影响心情。有些家庭可能会将洗澡或洗衣时剩下的水存在浴缸里，留着冲厕所、擦地等，这种节俭的方式值得提倡，但是不应用浴缸存水。

浴缸是用来洗澡的，在洗澡后将水放掉，就意味着告别了身上的脏东西，自己也清爽了。如果继续将水留着，即使洗下的污垢不会再回到身上，但是却将洗掉的疲惫和不良情绪留下来了。其实风水学讲不要存水，就是说不要被坏情绪控制，而通过洗澡可以洗掉坏情绪。古人遇到正式场合，都会"沐浴更衣"，也是通过洗澡转换心情。

阳台 *F* 开运妙计

人们往往将家居布置的中心放在主要房间，而忽视了阳台。其实阳台在风水中具有重要的作用，它是住宅与外界交流的重要空间，是住宅纳气的重要通道，不利的风水格局可以通过布置阳台化解。所以，在装修时不可小觑阳台的地位。

77 半封闭阳台实用又纳气

现在许多住宅都会设阳台，但有些家庭却因为某些原因将阳台封闭起来，这样不仅对健康不利，而且也违背了风水之道。而如果过分追求通风采光，采用欧式镂空阳台，也会触犯风水禁忌，还会泄露隐私。

● 封闭阳台

有些家庭基于扩大住宅面积，希望抵挡灰尘进屋，或是为了防盗等种种原因，将阳台封闭起来，殊不知，这种做法是典型的因小失大。

通风不畅。阳台封闭后，室外的新鲜空气难以进入，室内通风不畅，空气质量自然会下降。因通风不畅，家人的呼吸、咳嗽、排汗等会造成室内空气污染。另外，烹饪时产生的废气、电器散发的有害物质不能及时排出。长期生活在这样的环境里，人容易出现恶心、头晕等症状，甚至诱发疾病。

阳光缺乏。阳光中的紫外线能减少室

内致病病菌的密度，通过晒太阳还能使人精神振奋。而将阳台封闭起来后，照进室内的阳光减少，不仅容易造成病菌泛滥，还会对家人健康产生影响，尤其是造成婴幼儿生长发育不良，患上佝偻病等。

关闭了纳气之门。传统风水学认为，阳台是与大自然最接近的地方，能够饱吸宅外的阳光、空气及雨露，是住宅的纳气之处，能招进祥瑞之气，佑护家人平安，封闭阳台等于封锁了这些风水效果。

⊕ 镂空阳台

因为过分注重阳台的通风采光效果，而选择通花栏杆的镂空式格局，也存在一定的弊病。

犯"膝下虚空"禁忌。如果采用镂空的阳台，可以轻易地看到户内居住者的膝和腿，这种格局风水学称之为"膝下虚空"，会导致人丁单薄，钱财外泄。

隐私易外泄。如果从住宅外望向阳台时，能看到居住者的膝部以下，那么住宅的隐私必然容易泄漏出去，给居住在其间的人造成很大的心理压力，不利于心理健康。

⊕ 提倡半封闭阳台

半封闭阳台实用又纳气。半封闭阳台即在阳台下部的三分之一处用实墙，上部的三分之二用玻璃窗，并且经常打开玻璃窗。这样不仅避免了"膝下虚空"，又不至于关闭纳气之门，是一种良好的风水格局。另外通透的玻璃窗可以使视野更开阔，通风透气，光线充足，既美观又舒适，对健康也有益。

78 布设阳台
离不开植物增运

在阳台摆放一些花草植物，不仅可以装点环境，还能改善家居风水。可在阳台种植的植物有很多，大致可分为生旺与化煞两大类。

🌐 生旺植物

适合摆放在阳台的生旺植物大多高大而粗壮，并且叶越厚大青翠越好。如果从阳台向外望，附近山明水秀，没有尖角冲射、街道直冲等形煞出现，就可在阳台摆放具有生旺之效的植物。

万年青。万年青茎粗叶厚，颜色苍翠，伸展的树叶似一只肥厚的手掌伸出，能向外纳气接福，具有很强的生旺作用。万年青叶子越大越好，并应保持青绿。

金钱树。金钱树叶片圆而厚，易于生长，生命力旺盛，而且具有吸收外界金气的作用，利于家中财运。

铁树。铁树叶子狭长，中央有黄斑，市面上最受欢迎的是巴西铁树。铁树寓意坚强，能补住宅之气血，是重要的生旺植物。

棕树。棕树干茎较瘦，树叶窄长，种在阳台上可保住宅平安。

发财树。发财树干茎粗壮，树叶尖长而苍绿，耐种而易长，充满了蓬勃的生命力，寓意招财进宝。

摇钱树。摇钱树叶片颀长，色泽墨绿，属喜阴植物，极有富贵气息。

🌐 化煞植物

化煞植物一般干茎或花叶有刺，刺可冲顶外煞，因而能保护家居。如果从阳台外有尖角冲射、街道直冲、街道反弓或面对着寺庙、医院、坟场等，即可在阳台摆些化煞的植物。

仙人掌。仙人掌茎部粗厚多肉，布满浓密的绒毛和针刺，把长得比较高大的仙人掌放在阳台，可化外煞于无形。

龙骨。龙骨外形独特，干茎挺拔向上生长，形似直立的龙脊骨，充满力量，对外煞有强劲的抵挡作用。

玫瑰。玫瑰花形美丽，可以用来装饰阳台，又因其带刺，因而也具有化煞的功能。

79 五种阳台不良风水改造法

阳台的面积虽然不大，但是对于整座住宅的风水来说，它却占据着相当重要的作用。虽然大多数人在置业时，已经对房屋大环境的风水进行过了精挑细选，可是有些阳台的风水却不能完全达到非常完美的标准，这是就需要对阳台的缺陷进行巧妙化解。

街道直冲阳台

从阳台上往外看有街道直冲阳台，仿佛有煞气直接扑面而来，属于不好的风水。而且直冲而来的路面上，快速行驶的车辆和噪音会不断地经过阳台冲击室内，从而形成"声煞"，会打扰到本身平和的居家磁场。

改造方法：将阳台封闭起来，设置一个阻挡的空间，这样进入到室内的煞气会相应减少许多。

尖角煞直冲阳台

传统的风水学讲究圆润感，而对于尖角则较为忌讳。如果阳台上有尖角煞冲，比如临近高楼的尖锐屋角，都要一一化解才是。

改造方法：在阳台上安放一个泰山石敢当，可以化解尖角煞的最佳法宝。

反弓路直冲阳台

城市的街道有弯有直，如果从阳台上看，屋前的街道呈弯曲状，而弯角直接对着阳台，就代表着是反弓路的格局。

改造方法：可以在阳台上种植一些绿色植物，尤其是藤蔓科的植物，就可以阻挡这种不良的格局。

厨房正对阳台

厨房正对着阳台，局部风的对流性会很强，这样就不利于烹饪，造成灶台火力不稳，甚至出现熄火的迹象，室内五行也会失衡。

改造方法：尽量将阳台的落地门窗关上，或者在不影响家人活动的前提下，在厨房和阳台之间设置一个屏风或者柜子作为隔断，总之不要让厨房直接正对着阳台。

大门正对阳台

如果是阳台正对着大门，气场流通就会过快，不利于室内纳气。

改造方法：将阳台封起来，挂上材质较厚的窗帘，还可在大门和阳台之间设置小型的玄关。

阳台整洁舒适好纳气

阳台过于冰冷，或是堆积了废旧物品和剩余装修材料，对风水都是大为不利的，不仅会影响阳台纳气，还会形成小型的杂乱磁场区。要想改善优化，不妨试试这些方法。

宜选纯天然材料

在阳台建造材质的选用上，尽量少用瓷片、条形砖等人工反光的材料。这类材料不仅死板单调，而且给人冰冷的感觉，令人感到不适的同时还会破坏阳台风水。

而纯天然材料是不错的选择，比如未磨光的天然石，包括鹅暖石、火烧石、石米等，既能使阳台与自然环境融为一体，又显得干净整洁、温暖舒心。

阳台设置储物柜

有些朋友可能习惯将一些废旧物品堆积在阳台上，其实这不仅影响阳台的卫生，还会影响风水。不妨在阳台一角放一个储物柜，将物品整齐地收进柜子里。还有些人家中的阳台靠近厨房，习惯将蔬菜放在阳台上贮存，这种情况不妨也将蔬菜存放进柜子里，从风水角度考虑，阳台是阴集之处，是集纳阴气的场所，放置蔬菜还可以为住宅增加一份生气。

生活阳台少摆桌椅

如果阳台是供休息和吃饭用，可以摆放少量桌椅，并且最好是折叠的，这样既可以减少空间占用，又不至于凌乱无序。在炎热的夏天，在阳台休息时容易被强烈的阳光晒到，如果用竹帘、窗帘等做成遮阳棚，不仅可以遮阳挡雨，还能装饰美化阳台。在风水上，则可以有效防止外气侵袭阳台。

阳台美化

可以使用植物来美化阳台，净化环境，也可以摆放一些装饰品，使阳台整洁又雅致。

81 阳台吉祥物逐个数

在阳台放一些装饰物，不仅可以美化阳台，还具有生旺避祸的功效。如果正值流年觉得周遭不顺，又或者家人运程不佳，不妨在阳台放一些开运吉祥物，让家中的运势大为改观。那么，摆放在阳台上的吉祥物有哪些呢？

🌐 风水轮

从室内面向阳台的左方，放置风水轮，让风水轮滚滚流动的水气招收各路财富，并流向自己家中。另外，风水轮还能改善职场运势招来贵人。

🌐 水晶洞

可以在阳台放一个紫水晶，放置方位与晶洞大小不限。天然的水晶洞能够放射和接收磁场的能量，具有补强的功效。有一点需注意，早上将水晶洞口朝外放，傍晚将水晶洞口改朝屋内，这样才能让白天吸收的能量散发到屋中。

🌐 铜风铃

铜风铃是家中常见的装饰品，风动铃响是一件很美妙的事情。如果阳台处在财位或是五行缺金，可以在阳台悬挂风铃，风铃属金，具有催财、旺财的效果。

🌐 简单符令

简单符令对于驱逐无形的煞气有一定作用。可以将红纸剪成硬币大小，用黑笔在纸上写一个"火"字，然后贴在阳台的墙壁上，具有挡煞的功效。

🌐 泰山石敢当

泰山石敢当对于阻挡煞气向室内辐射有非常好的作用。如果阳台对面有尖角煞、楼角、烟囱、电线杆、发射塔等各种煞气，可以在阳台上对着煞物放一个泰山石敢当来化解。

🌐 铜龟

铜龟是具有阴柔性质的物件，擅长以柔克刚，又能逢凶化吉，很适合摆放在有煞气的阳台。

82 巧妙化解阳台周遭的不利格局

因为买房时没有留心周围的环境，或是因为其他一些不可避免的原因，致使阳台面临禁忌格局，这时候该如何化解？

直冲形构架

高楼空隙成天斩煞。天斩煞是指两幢高楼之间的狭窄空隙，从远处看就像刀从半空斩成两半，因有此名。如果房屋的阳台正好面对天斩煞，凌厉的煞气会给居住者造成很大压力，严重的可能有血光之灾。化解方法为在阳台靠外墙横挂一根钢梁，可以挡煞。或者在阳台摆八卦镜或山海镇也能化解煞气。

街道直冲成箭煞。阳台向外望，有街道直冲，则犹如利箭迎面射来，属于犯了箭煞。容易使住家破财或夫妻背离。箭煞也是大凶格局。道路直冲而来，路短还无妨，路越长则越凶。路上车少只影响夫妻关系，车如果越多凶力会越大。倘若迎面直冲而来的是高架桥则凶力更大。化解方法是在阳台两面外侧摆放凸镜，以减免、挡回直冲过来的煞气。

气压

楼群过近导致气压大。位于中低楼层的住户，阳台对面的高楼如果距离住宅过近，会形成一股强势气压，对居住者造成很大压力，时间久了，会造成精神紧张、失眠等症状。判断是否过近的标准是，两栋楼之间的距离是否低于20米。化解方法是在阳台加一个屏风。

正对建筑阴气重。如果阳台正对着寺庙、医院、殡仪馆等阴气较重的建筑物，会不知不觉受到阴气的侵袭，影响家人身体健康，同时也不利财运。化解方法是在阳台放一对麒麟、祥龙等瑞兽，利用它们威武的本性驱走煞气。在阳台摆一些仙人掌类植物也能起到化煞的作用。

光煞

正对凸窗形成光煞。化解方法是在阳台挂落地窗帘，或在外墙两侧用凸镜化解。

83 阳台改客厅，风水要当心

有些朋友为了扩大住宅的面积，将客厅向外推移，使阳台称为客厅的一部分，这样改建的好处就是客厅变得更宽敞、明亮了。需要注意的是，改建时要保证房屋的结构安全，并遵守一定的风水原则。

⊕ 承重

阳台的承重力往往有限，将其改建成客厅时一定要遵循承重原则。否则，不仅威胁到住宅的结构安全，还会破坏阳台原有的气场。

阳台装潢材料不应太重。悬空的阳台承重能力比客厅低，如果客厅使用大理石地板，阳台千万不要使用，因为阳台无法承受如此重量。

摆在阳台的物品不要太重。阳台改建后，应把较轻的物品放在原先的阳台处，这样既安全，还能保持原先空旷清爽的感觉。

⊕ 横梁

假天花板填平横梁。阳台与客厅之间一般有一道横梁，在阳台与客厅合成一体后，这道横梁会显得很突兀，并且正好犯了横梁压顶的风水忌讳。解决办法是用木质吊顶填平，将其巧妙地遮掩起来。如果想要加强效果，还可在天花板上加设射灯照明，用光的暗影将其遮蔽，有隐隐约约的朦胧美。这样处理后，既美观又不会给人压迫感。

⊕ 外墙

长柜替代矮墙。在阳台改建成客厅后，有的人喜欢用落地玻璃作为外墙。这种做法正好犯了风水学中"膝下虚空"的禁忌，最好不要采用。如果阳台原先就是以落地玻璃为外墙，想要更改很困难，最有效的弥补方法是把一条长柜放在落地窗前，来替代矮墙。如果低柜不够长，可以在低柜两侧摆放植物来填补空间。

职场事业篇：风生水起迎财运

风水不仅对婚姻、健康、家运产生着独特的作用，对职场事业也起着诱导和暗示作用。

如果将风水运用得宜，则能够职场高升、事业顺利、财运亨通；倘若不规避其不利之处，反风水而行之，则有可能财运衰落、一蹶难振。

因此在职场事业上，除了要施展自己的能力和勤以补拙，日常多注重学习之外，还应该略知风水一二，巧妙规避，才能帮自己打造出全优的事业运程。

四

职场晋升 开运妙计

风生水起鸿运来。在职场打拼的人，无外乎希望自己薪水丰厚，事业稳固。传统风水讲究"天时、地利、人和"，倘若把握好了地利，也就是我们所说的风水，就可以使我们趋利避害，在职场中获得更多的机会和人气，大展鸿鹄之志，职场道路一路亨通。

84 职场小座位，风水大讲究

风水，不单单是居家生活才会需要，身为上班一族，风水更与职场息息相关。它影响着你的运势，左右着你的生活水准。身在职场，多了解一些风水知识是百利而无一害的。到底在职场中有哪些需要注意的呢？首先，职场座位就是大有讲究的。

座位前方不宜有的物事

座位前方不宜直接对门。与宅居大门一样，办公室大门也是整个格局的气口，倘若你的座位正好与之相对，那么很可能被入门的气场冲到。也不宜直接正对老板门，在老板门口的座位，一举一动都受到无形的监控。精神无法集中，高度紧张。这种状况久了，容易发生冲突。

座位前方不要有人。同事面对面工作固然亲切，但容易有事没事说几句话，影响工作效率。也会形成心理煞，没有自己的私密空间，彼此心里会出现小疙瘩，对健康也不利。最好在两人之间放置绿植隔开。

座位不宜正对墙壁。工作的时候，一抬头就看到一堵冷冰冰的墙，比较不容易捕捉到四面的消息，会造成潜意识的不安和情绪的压抑。

座位后方不宜有的物事

座位后方不宜对门或走道。倘若后边空旷或是有人走动，容易让人精神不集中，一部分注意力转到脑后，消耗能量。如果可以，在座位后方放置像屏风，大的绿植之类固定、不动的东西。

座位后不宜有窗。有的人喜欢将办公桌与窗平放，以窗为靠，其实这是错误的。如同座后有门一样，易让人精神不集中，不妨选择靠背较高的椅子来化解这种情况。

座位旁边不宜有的物事

座位旁不宜有水龙头或洗手台。长期坐在水旁边，会发生运势反复或是精神系统紊乱的现象。

座位旁不宜有垃圾桶。垃圾桶近身，丢垃圾方便，却是秽气的来源。秽气吸收多了，运势自然受到影响，直接将垃圾桶移开吧。

85 办公桌物品巧摆放，好人缘不请自来

正所谓得道者多助，好的人缘是你工作上的助推器。在一个公司团队里，每个人的心思不都能摸清楚，投其所好有一定的难度。利用风水也可以化解公司内部的是非磁场，催旺自身人缘。办公室物品摆放得宜了，好人缘自然就来了。

自己动手，人气鼎盛

干净的桌面。这个是充分必要条件。如果你的办公桌上乱七八糟，谁还有心情过来与你搭讪？开始动手分门别类地收拾整齐吧。

充足的光线。倘若办公桌处在光线不佳的位置，光线不足和动线势不流畅，人与人的互动会减少，好人缘就不说了，还可能被扯后腿。

助缘物品帮你忙

微笑的相框。在右手边上放置相框，当然最好是放上你的照片，无论是青春靓丽，还是张牙舞爪，都能让人看

到与工作中不一样的你，很能吸引目光哦。

雅致的彩画。在自己的办公桌附近放上一幅色彩比较柔和的画，会让人由衷欣赏你的品位，让好人缘不知不觉靠近你。切忌不要悬挂色彩过于浓烈或者内容生猛的画像，别人避之不及，更别提靠近了。

融洽的绿植。在办公桌右侧的方位摆放一盆圆叶的绿色植物，有助于和同事拉近距离，感情升温。但需要注意的是，摆放仙人掌或者仙人球等有刺的植物绝对是大忌，会让你不知不觉中陷进八卦圈中，易招惹是非。

通气的风扇。可在办公桌上放置一台小电扇，风扇吹吹，加速座位附近的气场畅通，气通人心爽。长此以往，人气会很快飙升哦。

助缘的摆饰。以粉水晶和紫水晶尤佳，增加人气能量。

利用风水，优质职场桃花朵朵开

职场上人与人相处久了，产生感情是非常常见的事情。如果能遇到优质的职场桃花，倒也不失为一桩美事。不如利用一些风水知识，让自己的职场桃花朵朵开。

🌐 阻碍桃花的物事

仙人掌妨碍桃花。很多白领都习惯在自己的办公桌上摆上一盆仙人掌，抗辐射还是有一定作用的。殊不知，不知不觉中自己的桃花也抗谢了。

爬藤植物的桃色纠纷。如果你桌上有牵牛花、九重葛等，毫不犹豫丢掉它吧，会"爬墙"的植物象征男女容易出轨，它会让你陷入桃色纠纷。

错摆物品招烂桃花。有的人在办公桌上放置催桃花的小什物，期望爱情快马加鞭而来。却错误地将物品摆放在办公桌右侧的位置，来了烂桃花。欲交桃花运，催吉物品还是要放置左侧。

◉ 优质桃花放马过来

绿色饰品和谐爱情。试试让你的生活中多一些清新的绿色，比如约会的时候穿上绿色的衣服，在家里用鲜绿的床单。绿叶来了，桃花还会远吗？这个色系的饰品会让你减少和爱人的争吵，感情更加融洽甜蜜。

圆形物品让爱情圆满。平平淡淡的生活，变得灰扑扑的爱情，越来越没激情的日子。你需要做一些改变来增加爱情的凝聚力了。不妨把手表换成圆的，换一副圆形的蛤蟆镜。

水种植物增感情。有烂桃花的人可以在自己的办公桌上放置一盆水种的植物或是四季小盆栽，是一个改变烂桃花的好办法。可以带来清新的气息，羞答答的桃花也会静悄悄地开放。

粉水晶制品催桃花。很多明星都用粉水晶来催桃花，职场人士也可以使用粉水晶制品来催动自己的爱情运。如佩戴粉水晶项链、手链等。

◉ 找准各生肖的桃花位

最简单最有效的莫过于在自己的桃花位上面放置养鲜花的花瓶。那么怎么样确定自己的桃花位呢？

桃花位在正北方向。生肖属猪、羊、兔的人赶紧在这个方位养上一瓶鲜花吧。

桃花位在正南方向。这个方位是蛇、牛、鸡的爱情方位。

桃花位在正西方向。生肖属猴、龙、鼠的人在这个方位插鲜花是最合适不过的了。

桃花位在正东方向。生肖属虎、狗、马的桃花位就是这个方向了。

87 聚气法宝，办公桌必备小台灯

想在职场平步青云，除了自身努力，还需要利用一些风水为自己开运。办公室有很多可以利用到的风水小什物，比如台灯。使用得宜，就是聚气小法宝哦。

台灯化煞心神宁

座位上方有梁。座位上方有梁就是职场中的"横梁压顶"，于人的身心健康都不利。如果座位无法挪开，可以在梁的正下方放置一盏台灯，人在的时候灯光就时常亮着，可以抗衡上方带来的不良气场。

办公桌视线死角。每个人的办公桌上都有可能出现光线不足的情况，再加上办公室通常偏冷，

办公桌的光线一暗，就显得更加阴郁。在桌上安一盏台灯，既能让视线明亮起来，暖色调的灯光也容易给人温暖的感觉，增强自信心，做起工作来也事半功倍。

台灯安装有讲究。注意安装台灯不要照射到电脑，会形成反煞。支架较长的台灯尽量不要太逼迫人，只有距离适宜，才能让人心神安宁地工作。根据光线一般从左边来的原理，台灯安装在面对着办公桌的左后方是最科学的。

巧用台灯好运势

白炽型台灯助事业运。一般职场人士宜用常见的白炽型台灯，加强气流，会对事业运势有很大的帮助。

金属型台灯助人缘。想在工作中得到指点，不如换一盏金属型的台灯，能提升你的贵人运。

聚光型台灯助财运。聚光也就是聚财气，尤以红色的台灯最佳。不过这么鲜艳的颜色不太适合安装在办公室。

88 背后没靠山，白领办公桌的大忌

身处职场，有的人资历不深却晋升飞快，有的人甘做黄牛却还在原来的位置上摸爬滚打。除了自身原因，看看自己在职场中有没有什么地方犯了风水的大忌？

桌前有镜破财之象

爱美白领桌上摆镜。很多单位都设有大大的仪表整理镜，相信不少爱美女白领的桌上也会有镜子的存在，而且还会时不时地照一下，并且觉得没什么不妥。但时间久了，容易头昏眼花，睡眠质量下降，情绪不稳、决策失误等等。严重影响身体健康和工作效率。

臭美惹来"光煞"。究其原因，镜子在风水中就是一种"光煞"。每天都被镜子照着，会让

人头脑虚乱混沌。经常被照射，会招致是非，还有破财之象。最好的办法是把镜子收起来，偶尔整理一下仪容，别没事总摆桌上。

⊕ 背后无靠，升官无靠

座后空荡不利健康。座位后面不宜背对门或者走道，空空荡荡的容易受到冷气的直冲，而且会使精神紧张，无法集中。长期下去精神系统和身体健康会出问题。

有所依凭，催旺运势。在办公室中所谓的"靠山"就是墙壁，座位最好是贴墙或靠墙而坐。

89 水晶放置分行业，健康好运贵人来

人往高处走，水往低处流。谁都希望自己的工作能够称心如意，有贵人相助。利用风水可以有效催化运势。水晶开运是比较重要的一种方式，水晶助缘，也要因人而异。

⊕ 各行业水晶健康助缘大不同

三餐不济，作息颠倒。医生、护士就是典型的代表，餐点不正常，作息颠倒。建议使用茶晶和黄晶，可以增进人体免疫力。

电脑电话，辐射巨大。经常使用电脑、行动电话的代表人群有：IT人士、学生、证券业者、媒体人等等。不妨使用白水晶或者白晶簇等来消除电磁波辐射对身体的影响。

疲劳亏损，失眠头痛。卡车、火车、计程车司机等需要长时间驾驶，长期作息不正常，很容易产生疲劳和失眠

的症状，建议使用紫水晶、黑曜石佛珠、茶晶等增强自身免疫力，调节身体机能。

长期伏案，"坐"者一族。对于长期伏案工作或是久坐不动的人士，建议使用虎眼石、彩虎晶等增加自己的生命能量，如作家、宅男宅女、上班族等等。

杂气晦气，通风不良。有的人身处通风不良的办公室且饱受二手烟的污染，或是在变电厂附近工作的工人，都可以使用绿萤石或者居家放置大紫晶洞来消除杂气晦气，提高运势。

⊕ 置备水晶广聚人气招贵人

佩戴水晶开启事业成功路。佩戴紫晶手链、项链等，象征生机处处，贵人环绕，工作事半功倍。

财位放置水晶增财运。放置黑青赤黄白五色碎水晶，能增加运势，加薪升职，投资则财运旺盛。

90 摆脱职场受气包的风水妙方

所谓职场受气包，就是天天在公司被人欺负，别人不想干的琐事都通通轮到你接手，如果团队工作中出现了小岔子，大家还会把责任推向你，成为职场中的"替死鬼"，你有没有遇到过这样的困境呢？其实除了自己逆来顺受性格作祟之外，也跟周围的风水有很大关系。也许对于周围环境的小小改动，就能帮助你摆脱受气包的阴影呢。

长饮人缘花茶

若想在职场上增加上司缘或者同事缘的话，不妨多喝一由玫瑰、迷迭香、马鞭草或菊花组成的人缘花茶，在这些花茶香气的围绕下，大家会更加乐于亲近你，而不会再将你当做"替罪羊"。

佩戴紫水晶

紫水晶可以为你招来贵人的能量磁场，不妨在身上佩戴紫色圆形的水晶饰品，会让你在职场中变得处处有生机，工作起来也会变得事半功倍，有助开启事业成功的大门，另外还有防职场小人的作用哦。

摆脱不开心的情绪

如果白天受气了，晚上回到家中可以将受到的遭遇写下来，然后通通烧掉；或者向自己的水杯倾诉一遍，然后将杯中的水用来浇花；把这些职场上种种的不如意都适时转化，可以消除脑门上的晦气，新的一天会收获更好的际遇。

用精油泡澡

晚上沐浴的时候，加入含有金盏花、佛手柑、小金橘、莲花等香味的精油泡澡，洗净自己的全身，疏缓情绪，想想白天有哪些事情做得不对，以后在工作中应该如何改善，还可以在泡澡的时候阅读《心经》，你的职场运气就会慢慢变得好起来。

91 工作中遇到"小人"，怎么办

在工作中遇到"小人"的陷害，而使自己落入到尴尬的境地，这样的状况难免会让人心生不平。从风水的角度看，犯了"冲煞"就会遭遇到这种情况，也就是说，在你家周围有什么不好的东西在"祸害"着你。

● 什么是冲煞

根据五行相生相克的原理，在自然界中任何事物都有一定的发展规律，生活在一个大的空间中，四周环境都会影响着你，当两者发生冲煞的时候，你的好运气，即将而到的财气，或者往上晋升的事业运程，可能都会被这些冲煞而阻挡掉，从而影响了你本身美好的生活。

● 如何化解冲煞

回避不吉之事。可以查看每日的黄历，一般都会有本日不宜的相关事项指点，如破土、搬迁、修造、交易等，如果你正有此安排，不妨另寻一个黄道吉日。否则，为了达到一个结果而范了冲煞，职场的"小人"说不定就在前方像你招手，更会增加你的无妄之灾。

家里摆放一个屏风。屏风挡煞的作用是非常强大的，可以在家中有光煞、风煞的地方设置一个屏风，屏风的材质最好选择木质材料，其中竹子以及硬纸材料的也属于木质屏风。

尤其不能选择金属和塑料质地的屏风，这两种材质本身的磁场就很不稳定，同时还会对家里的气场产生冲撞，应该少用为妙。此外屏风的高度一般不要超过家人站起时的高度，否则就会显得太过于高大而显得重心不稳，在室内的人反而会觉得有压迫感，有心神不宁的感觉。

用法器化煞。比如八卦镜、铜铃、宝剑、瑞兽等，这些东西的气势感都非常的强，可以将煞气挡在门外，起到镇宅纳福的效果。其中八卦镜适合放在

大门的门梁上和阳台方位，特别是屋外有尖角煞、风煞或声煞之时，悬挂一面八卦镜可以将煞反射回去。

事业遇到"瓶颈"，该如何开运

最近工作总是不大顺利吗？是不是正面临着前所未有的事业危机？其实要想突破"瓶颈"并不难，首先得先静下心来，勇敢地去面对问题、解决问题，再搭配上一些简单易操作的风水化解妙招，就能帮你顺利突破瓶颈，再次赢得幸运女神的眷顾。

⊕ 悬挂葫芦饰品

葫芦从古至今一直都是比较吉祥的物品，葫芦的大圆肚子可以帮助你收纳身边的晦气，能够防止职场上有小人扯后腿，增加事业上贵人提携的运气，让你在工作上获得好机运，财运也会大大提升。

⊕ 晨起饮用阴阳调和水

每天早上起床后，坚持一个星期都连续饮用由一半凉白开和一半热开水组成的调和水，可以促进体内废物的代谢，让整个人的气色变得更好，增强身体里面的能量，让你看起来神采飞扬，将这种精气神带入到职场中，一定会让你战无不胜、所向披靡。

⊕ 多吃圆润的水果

饱满圆润的水果可以提升人的幸运能量，汇

集圆满祥和的磁场，同时也能为身体补养所需要的能量。因此，不妨多吃一些当季的圆形水果，如苹果、柚子、桂圆等，让你做事更有效率，帮助突破困境，获得令人满意的事业成果。

⊕ 冥想默念六字真经

晚上临睡前，在心里默念六字真言"唵嘛呢叭咪吽"，可以去除白天事业上的心理障碍，帮助达到心灵上的一种平静感，增强突破万难的决心，让斗志充盈在自己的心中，从容应对事业上的挑战。

93 办公室风水之职场加薪宝典

每天都在办公室忙碌着，可是每个月到手的薪水还是那么少，是不是感觉到有些泄气呢？是老板察觉不到你的能力，还是你本身就把自己陷入到困境之中了呢？其实只要稍微改善一下办公桌周围的气场，说不定马上就能交上职场好运，加薪指日可待呢。

在办公桌添加"柔软"元素

办公室跟家里的环境相比本身的气场就要强硬一些，对于有些不适应或者略感局促的朋友来说，不妨在办公桌上面摆上一个自己的喜欢的玩偶，或者照片，来弱化这种气场，让自己在工作中可以更加从容一些，这样工作的效率会更高。

杂乱的东西收左边

从风水的角度看，人体右手边的方向是一个人的龙位所在，属于一个比较好的方位。因此在办公桌上尤其不能将杂乱的东西放在右边，这样会挡住自己在职场中的好运，通通整理一番，收纳整齐堆放在左边为佳。

夏天放个小风扇

在风水中尤其讲究气流的通畅，特别是在初夏之际，办公室还未开冷气之时，摆放一个迷你型的小风扇，在让自己获得凉快之时，还能加速办公桌附近气场的畅通，自己的人气也会变得旺盛起来。

对着尖角要学会阻挡

如果在视野所能及的地方可以看到尖角，那么就要想办法阻挡一下，比如摆放一些小饰品，或用绿植阻挡一下视线。尖角看久了，财神爷就变得难以降临，这时你想提高薪水都变得很难。其中摆放阔叶的绿植为佳，可以帮助提升财运。

玩石勿放办公桌

旅游途中收集的石头固然好看，可石头是阴气很重的物品，不宜放在办公桌这样一个生财的地方，所以最好放到别处去。

94 有助事业步步高升的风水小细节

很多在职场中步履维艰的朋友，都会觉得自己的运气不好，并努力改善办公室中的风水环境，但仍然看不见一点起色。实际上，办公室风水对于事业固然重要，家中的环境也不可忽略，家居环境的布置也会影响到职场事业的发展。到底在家居中如何布置，才能提高职场事业运程呢？

⊕ 有助事业摆件首推麒麟

麒麟是非常护主的瑞兽，在室内的玄关处或者走廊的尽头摆放一对麒麟，有招财纳福的功能，还可以使家运更旺，而家运旺就代表着事业也会受到裨益。在摆放时，可以将麒麟的头朝外摆放，吸纳四方的瑞气。

⊕ 书桌摆放白水晶

白水晶清澈透明的质地有着排浊的功能，并且对应着头顶正中的位置。将白水晶摆放在书桌上，可以将体内的晦气通通从脚下排出去，让人在工作时变得头脑清晰，精神亢奋，是提升事业运程不可缺的摆件。

⊕ 黄色点缀不可缺

从古至今，黄色一直都是充满了吉祥如意之气的颜色，而从风水的角度看，黄色也是财富的象征，而家里的西方则是主导事业和财运的方位。如果能在这个方位上摆放一些黄色的家具饰品，如黄色水晶洞、黄色瓷器等物品，都可以为家里招来旺盛的财气，让你的事业进入到飞"黄"腾达之势。

⊕ 客厅摆放红桃木饰品

客厅就好像是家里的"心脏"一样，而客厅的东方更是主导家运吉祥的方位。在客厅的东方摆放一些红色桃木饰品，不仅可以趋福避祸，还能让自己以及家人在工作中充满干劲，有助事业的发展。

自主创业 B 开运妙计

如今行业竞争愈演愈烈，

全民创业处于非常活跃的状态，人人都需要抓住机遇，增强对市场的精确考量，从而作出自己的职业判断，缔造自己的事业。而在这个过程当中，风水知识可以有助于解决一些因气运方面的原因而致的不妥之处，使创业之路更广、财运更旺。

95 选对好朝向，商铺兴旺好发达

所谓朝向，就是门往哪边开。开门可是个讲究活。生意人称"一址值千金"，说明商铺的选择对商家经营关系重大。宅有宅向，而商铺也有商铺的风水方向。选择了与风水原则契合的朝向，财源就会推门而入了。

🌐 行业五行与适宜商铺朝向

注意风水学上的五行相生、相克的原理，依照不同方位与五行的对应关系，选出各行业与之适宜的商铺朝向，能旺铺生财。

服饰业。服装店与花

店等，均属木，将商铺的大门设在东南则大吉，而东、南、西北方向次之。

餐饮业。咖啡店、酒吧等商铺，这种带水的商铺最好将大门设在北面。像烧烤铺或炸鸡店等要用到火的商铺，厨房设在东面或南面生意会兴隆。

家具电器业。家具店、木工工厂均属木，适宜将入口设在东边或者东南方向。金店、机器制造业属金，大门向西或者西北方都很好。

⊛ 老板生肖与商铺朝向宜忌

商铺的朝向与老板生肖契合，会让老板的生意如鱼得水，财运更顺，气势更添。

忌坐南向北方的生肖。鼠、猴、龙最忌在将大门开在这个方向，有漏财之象。适宜方向是坐东向西方、坐北向南方、坐西向东方。

忌坐东向西方的生肖。代表生肖是牛和鸡。适宜方向是坐北向南方、坐南向北方、坐西向东方。

忌坐北向南的生肖。代表生肖是虎、狗和马。适宜方向均是坐东向西、坐南向北方向。

忌坐西向东的生肖。代表生肖是兔、蛇、猪、虎和羊。适宜方向是坐北向南方、坐南向北方。

96 商铺大门朝向应避"不祥之物"

风水上所说商铺大门外的不祥之物，多是指一些比较晦气的场所，比如殡仪馆、医院、厕所等建筑，是不吉之象。倘若商铺的大门刚好对着这些地方，那么不好的气运肯定就尾随而至了。

⊛ 商铺大门前面路面宜平整开阔

大门不宜面对岔路。倘若一门一开，两条交叉的气场就冲入门内，会让主人在工作上难以决断。

大门不要面对死胡同。倘若商铺前面路不通，则气流不流畅，浊气聚集，会对健康不利。而且死胡同象征没有出路和发展，很不吉利。

⊛ 商铺大门忌对污染源

大门不宜面对垃圾堆。倘若大门不远处就是垃圾堆，商铺再好，装修再考究，长期下去也会对人体健康产生影响。客人也不会在商铺前停留自己的脚步，财运也会受损。

大门附近不宜对着烟囱。烟囱排放的是废气废物，不知不觉吸进去后会对身体健康造成伤害。每天进出大门看见废气，也是不祥之象。

⊛ 商铺大门前方忌有旗杆大树

大门正前方不宜竖立旗杆。旗杆不要以大门正对，也不可正对着交通信号灯杆或者电线杆。

大门不宜对着枯藤老树。门前不种爬藤之树，也不宜正对。种树也行，但要保持枝繁叶茂。

97 打造聚财商铺，室内宜忌早知道

选好了商铺地址，在开店之前，需提前弄清楚开店的一些助缘方式和禁忌。比如该怎么参照风水进行装修，物品怎么摆放等等。

商铺地面凝生气

风水认为，地面的装饰就是对生气的凝聚，地面生气强弱，取决于地板砖表面观感及其颜色。

光洁舒适有生气。商铺进行装修时，最好选择表面光洁、质量好、方方正正的地砖，铺设整齐，地面没有污迹、杂物，让顾客观感良好。

地板颜色有讲究。红色代表富贵吉祥，黄色代表权力，白色代表纯洁，绿色是环保长寿，蓝色是清洁赐福。根据所做行业和老板命理，地板可参考这些颜色。

商铺阴暗潮湿于经管不利

倘若商铺因为种种原因而显得阴暗潮湿，那么就会形成一股煞气，不但不利于人生活，还对所经营的生意有很大的影响，要尽量避免这种情况。

灯光效果助明亮。光线一定要充足、柔和且分布均匀，不可动辄彩虹色。另外避免其他装饰品与灯光产生反射光线，这是不吉之象。

通风透气助干爽。商铺若通风状况不良，可以加窗或者排气孔，尽量保持地面平整和洁净。店中物品要摆放整齐，使室内气流通畅，店面开阔。春夏回潮季节，更要注意防潮。

声煞直冲要避免

音乐震天凶煞生。有的店面常会放一些节奏欢快的歌曲来吸引客户注意，且声音震天，这是很不可取的，在风水中被称为"声煞"。店面音乐最好以舒缓雅致为主。

大门勿对扶梯。商铺大门最好不要直接对着楼梯或者扶梯，如果实在无法避免，就用货物来遮挡，或者在装修时将门的位置稍稍移动一些。

98 精选吉日吉时，开张大吉

很多人都愿意选择一个别具意义的日期为商铺开张，求一个好彩头，好的开始就是成功的一半，事业也会随之风生水起。

⬤ 开张日数字的特殊含义

吉利数字。在民间风俗中，数字被认为是带着特殊意义的。例如"2"意味着容易；"5"寓意五行的和谐；"6"和"8"都带有和顺财富的意思；"9"代表长久，长寿不衰；"10"则代表笃定、圆满。倘若这些数字组合起来，就又有特殊的含义。例如"298"，寓意"生意会长久地昌盛下去"。

不吉数字。有寓意吉利的数字，当然也有不吉利的。例如"4"，由于其发音跟"死"很接近，故其被认为意味着灭亡。倘若在这个数字期间开业，寓意着生意不成，不是个好兆头。

喜偶避奇。偶数总给人成双成对的感觉，因而受到人们的喜爱，而基数就显得形单影只。例如"6"，寓意"又"和"路"，还有"8"，其发音和"发"很相近，从而备受追捧。

⬤ 吉时吉刻好彩头

新铺开张宜选上午。在风水看来，上午开张时大有好处。空气新鲜，太阳喷薄而出，每个人都精神抖擞。对新店来说，是个极好的兆头。

吉利数字作吉时。如新的商业大厦的鸣炮剪彩，商家把时间定在上午8时8分8秒这一时刻，寓意大厦从此一路"发到底"。

99 开店日别忘了 "财源不断"摆件

新店开张，锣鼓喧天，衣香鬓影，笑脸盈盈。不要忘记在新店里面摆上助缘的小摆件，沾些吉气，寓意财源不断、生意昌隆。

⬤ 催运吉祥物

五蝠临门。在商铺大门的正前方地面上刻一个圆，圆里面刻上五只环飞的蝙蝠，中间刻上"财"字或者"运"。也可以在商铺主厅四个角都刻上一只小蝙蝠，在正中间刻一只大的，如此五蝠笼罩，气运就挡不住了。

三羊开泰。在主厅墙面上刻上三只羊在仰望太阳的画面，或者悬挂相关内容的图画，寓意交好运。其中羊与阳谐音，意义非常吉利。

⬤ 招财吉祥物

猫咪招财。开店当日，柜台中摆放一尊憨态可掬的招财猫。左手招福，右手招财，两只手同举，财福一起

来。招财猫手举的位置靠近脸部，可招近财，若超过头部，远处的财运也能被招回。

锦鲤催气。在开店日于新店内摆上一盆锦鲤或者金鱼，因"鱼"和"余"同音，"鲤"和"利"谐音，有催财的功效，还令新店更有生气。最好是九尾，寓意长长久久。

蟾蜍吐钱。旺财蟾蜍只有三只脚，四只脚的是没有旺财功效的癞蛤蟆。将三脚蟾蜍头朝内摆放，所吐之钱都积在屋内，可以催旺财气。切不可将蟾蜍头对门窗，否则可能招致漏财或破财。

*100 经商收银台，好位置的学问

在风水上，收银台的位置及其摆放是整间商铺最重要的。了解一些相关知识，认识收银台的摆放宜忌，好让商铺风生水起。

⬤ 收银台忌太高

收银台过高挡旺气。很多人认为收银台高点安全，私密性高，不漏财。其实收银台过高，别人看不见你的钱，你也很难看到别人的钱。再者，收银台过高，挡住了财气，更何谈聚气呢？

收银台摆催吉物品财气跑。有很多人喜欢把一些催吉的物品摆放在收银台上，例如招财猫，盆栽绿植。那极有可能挡住财气的到来，不过这是相对于收银台较低而言，倘若收银台高且摆东西，财气不聚反跑。

⬤ 收银台忌离水太近

有人说水为财，所以很多商铺无论收银台大小尺寸方位，都往前面摆一只金鱼缸，或者干脆在门口建小喷泉，以为这样就能财源滚滚。其实太近容易诱发湿气，让财气总是绕道而行，不仅不招财，还容易诱发身体的疾病。一般来说，收银台和鱼缸的距离必须适度，离收银台稍远为宜。

⬤ 收银台忌后空对镜

收银台最忌后空。座后无靠是为无山。其实经商做生意靠山不是很重要，主要与理气有关系。收银台宜前面空旷迎财，后面为实收气。

收银台忌对着镜子。镜子在风水中的应用颇为神秘，可以化煞也可以带来煞气。有的店面四处都是镜子或者玻璃图之类，显得商铺亮堂堂的，殊不知收银台经过镜子长期的照射，财气都煞跑了，更不用说化煞了，对人体也有伤害。

101 商铺宜选前方开阔之处

在创业之初，商铺的选择是非常重要的。好的商铺可以保证商家的精力旺盛，客来客往，生意兴隆。人们开商铺一般都会考虑该区域的消费能力和人流量，但现在大多商铺是临街而建，即便如此，在风水上还是选择前方较开阔的位置开商铺为宜。

商铺前方开阔广纳八方生气

前方开阔迎八方来客。之所以讲求商铺前方开阔，是因为生气得以广纳，与经商之人讲究的广待八方来客非常契合。

店铺正前方最好不要有围墙、广告牌、杂乱的电线杆或者干脆门前就是一棵大树，这在风水上都是很不吉利的，也影响客源的进入。

前方开阔利于信息传播。商铺门前开阔，在较远处的行人或者顾客都可以看到，从而无形中把有关商铺的讯息传递出去。这种信息的传递即气的流动。气像涓涓细流，汩汩不停，自然生机勃勃。

需注意的是，商铺前方的位置要开阔，大门的面积也同样不能小家子气。商铺的门是一个通道，倘若客人进进出出，很容易发生拥挤和碰撞，甚至出现顾客争执的情况，不仅会减少客流量，还会直接影响正常的商业秩序。在风水上，大门乃气口，过于狭小的门无疑不利于生气的纳入。商铺内阴气渐生，则人气就不旺。

商铺被遮巧立足

拆除遮挡物。倘若前面有墙，最好联系相关者商量拆掉；如果有大树、巨型广告牌，也最好能够移走。总之，要让自己的店面显露出来。

店牌加大醒目。有些商铺狭窄的现状没办法改变，或是在众多的建筑中位于不起眼的角落，那么就把商铺的招牌加大高悬，富有创意和特色，不怕顾客看不到。

增加营销宣传。所谓"酒香也怕巷子深"，可以借助各种宣传手法，如传单、优惠活动、网站宣传等提升商铺的知名度，开拓更多的商机，让客源滚滚来，也是化解商铺被遮的妙计之一。

102 窗户漏财，财源滚滚也是空

倘若觉得你在成本上已经非常节省了，但商铺运营还是不见盈利，最好提前了解一下"漏财"的原因，比如商铺的窗户。如果窗户存在着"漏财"的迹象，就需要做一些相应的改善措施了。

● 旺财窗户长什么样？

除了大门，窗户是光线唯一能够投射进来的入口，而照射进来的光线就属于"阳气"，在你的商铺中从窗户向外看，如果可以看到湖泊、水池、喷泉等，就属于旺财的窗户，可以使财运加强，生意会更加的旺盛。

要是能够看到球场、公园、校园等风景，视为明堂宽广，虽然财运不见得如看到水一般好，但也是稳定的象征。

● 你的窗户漏财吗？

一般来讲，从大门进来，如果正对着窗户，那么这个窗户就属于漏财的窗户，俗话说"前通后通，钱财两空"，因为中间是一个非常直通的空间，没有阻碍，会造成财气无法聚集。

改善方法：建议在商铺入门处与窗户的中间添加一个屏风或者悬挂门帘用以隔开，还可以在屏风的前方摆放一盆观赏植物，如发财树、黄金葛等，能增加店内的财气循环活跃度。

商场财富 *e* 开运妙计

商场如战场，这个战场若是有骁勇善战的兵将，有足够的谋略，催化无形的自然力量，就没有打不赢的仗。倘若在商场中加入和运用一些风水理念和知识，着眼于每一个小细节，改变既存的不合理，趋利避害，则管理效果加强，财气凝聚，事业的发展和成功也就胜利在望。

103 办公格局设计与财运密切相关

无论是员工还是老板，每天的工作环境大多是在办公室里。若能利用风水打造吉利的办公气场，更易于各人才华的发挥，对人的智慧、仕途、财运等都有很大的帮助，所以说，好的办公室环境必定与财运、事业的成败密切相关。

⊕ 办公室宜宽大辽阔

办公室正前方的明堂位，亦属于离位，是事业的象征。因此办公室正前方的明堂位，作用不可小觑。办公室的内外明堂都应该以清幽开阔为宜，倘若明堂闭塞狭窄，则该公司发展必经历重重困难，阻碍甚多。反之，单位则发展顺利，前途似锦。

⊕ 办公室正前方不宜有冲煞

打开办公室的大门，不宜面对电杆煞、路冲煞等。在高层的办公室则要注意办公室正前方不要有邻楼的尖角煞。尽量避免之，

否则公司内部容易诸事不顺，口舌众多，人事异动，缺乏向心力等，给公司的前进发展造成很大的困扰。

⊕ 不宜白虎乱抬头

宁可青龙高千丈。从办公室往前方望过去，所看到的左前方的建筑物最好高于右前方，这在风水上叫"左龙高于右虎"，代表整个办公室会往正面发展，且诸事顺利，发展势头良好。

白虎不宜乱抬头。倘若从办公室望向前方，看到的是右前方的建筑物高于左前方，则往往会有厄运伴随，整个公司气运不振，衰弱萎靡等各种不良现象。建议在挑选办公室之前不光要看本办公室风水，同时还要多注意一下周围的格局。

⊕ 不宜大开偏门

如果公司比较狭小或者气流不畅，开偏门倒是个强化办公室气运的好办法，但是过多的偏门或者改成斜门容易使人气涣散，财气不聚，整个公司会缺乏凝聚力和向心力。

⊕ 光线明亮，蒸蒸日上

办公室的光线忌过于强烈或过于阴暗。光线充足且柔和，能让员工安心办公；阴暗的办公室会给公司气运带来影响，还影响员工士气。

♣104 旺财之位，最宜安放财务室

在风水上，办公室和家宅、商铺一样，都有一个藏风聚气之位，即财位。财位跟公司兴盛以及每位员工的发展息息相关。找准这个方位，加以催吉和利用，就能够给公司带来滚滚不尽的财源和好运势。

⊕ 办公室财位方位

如果办公室的门是中间开门，那么大门相应的对角线的左右下角都是明财位。倘若办公室的门是开左右两侧，那么明财位就在门对角线的角落处。一般来说，打开公司大门的对角线就是明财位所在。因此门的对角线不能空荡，要有墙。

⊕ 财务室最宜设在旺财之位

一般来说，一个公司的财务室，其基本工作就是直接与金钱打交道，是公司资金流通的重要关口，因此财务室的风水尤为重要。最

宜将财务室或者保险柜设在公司财位上，确保公司财源广进，大利气运。

明财位装饰很重要

财务室设在财位，两者相得益彰。也可摆放一些催吉的物品，让公司运势旺上加旺。

财位忌空门。定了财务室的财位后，该位置一定要保持干净、明亮，后方最好是实墙，不宜有门和窗。有的人为了装饰，在此处摆放干花或者假花来点缀，也是非常不吉的。

植物金鱼催吉气。适宜在财位上摆放绿植盆栽或是养几尾金鱼。绿植不仅能美化财务室环境，让人神清气爽，还能释放二氧化碳，清新空气；而金鱼可以让室内充满活力和生机。

财气位不宜大窗或常开窗。倘若在财位的地方刚好有窗，则不宜太大，大而不当，气凝而不聚。也不宜常常将窗户打开，因为这样财气很容易就成风而散。

财位忌大件物品压迫。有的公司将打印机、书柜等刚好摆放在了财气位的位置上，也是非常不吉的。大件物品将地气压迫着，使之难以聚集，自然"催不动"吉气。

财务人员位置宜守气安静

财务人员的位置宜清幽安静，倘若过于喧闹，会让财务人员无法静心工作，从而造成数据失误，造成公司的损失。有的公司由于业务方面的原因，去财务室的次数频繁，这时财务人员更要注重自身位置的安静，如用文件夹或者纸板挡住自己朝外的那一面，以免影响工作情绪。

105 神位在哪里？生意人请神的讲究

生意人最讲究风水，是因为好的风水的确给他们带来了好的运势。但很多人对神位的安置方式并不熟知，放错了容易造成负面影响。神位只有安置得宜，才会进财开运。

请神容易送神难

选神须慎重。 我们古代的诸天神佛，都有人供奉，但是神也有各自不同的掌管和官阶，不能随便供。要看是否和自己的欲求相符合。比如生意人请"财神"是最合情合理的，要是摆放送子观音或者月老就未免不太合宜。

安置的位置和时间。 神位多安置在阳宅的吉旺方为吉，切忌安置方位与房子的坐向相反，否则就会适得其反。安置神位也要注意选择一个良辰吉日，那天要忌荤腥，以表尊崇之心。

神位材质巧选择

纸绘图片。 即所请的神的画像。这种情况比较少见，有可能是经济拮据者的偶尔选择。用图纸的话不太容易让神灵依附，效果不甚明显。

瓷制财神。 比纸质的效果更好，但瓷的材质比较脆，容易碰坏摔碎，对神灵不敬，更不用说催财了。

金制财神。 就三种材质而言，金制的财神比前两者更容易"请神"，传说神佛皆为金刚不坏之身。当然诚意更诚，效果更灵。

神位安置禁忌早知道

神位不宜正对污秽尖角煞。 无论是在家还是在公司，最旺的位置都宜用来安置神位。忌对着厕所等污秽之所，也不要正对尖角、梁柱之类的煞气之位。神佛的驻足之地多宁静、祥和，正是这股祥和之气在保你生意上顺遂心意。

神位安置方位讲究。 神位的前方和下方不要堆满杂物，否则会破坏了藏风聚气的格局。若神位是安放在家里，则不可低于祖先的排位，对神灵不敬，也破坏气场。

神位须经常养护。 神位乃至神台要保持清洁，香炉以不高过神像的整体视线为宜。在清理香炉灰的时候，不要轻易移动神像，会有抢夺香火之嫌，更不可以将神像卧倒或者侧放，对神灵不敬。

106 巧用商厦照明，打造人旺气旺好运势

无论是街边小食店的霓虹灯招牌，还是摩天大楼上形色各异的景观灯，都非常吸引眼球。照明不仅可以调配商厦整体环境的和谐度，美化周围的环境，而且从风水上来说，照明利用得宜可以改变运势，对商厦的运营和发展都会带来一定的影响。那么，我们如何利用商厦照明来开运呢？

商厦照明的功能

创造宜人的照明环境。明亮柔和的照明容易让人心神安定，会给人很舒适的感觉，是纯粹外在的照明作用。而且，这样的照明还为员工和顾客在夜间活动时提供了安全保证，比起环境阴暗不明的"黑店"来说，有适宜灯光的商店更容易给人以安全感。

吸引顾客，刺激消费。商厦的照明还有很大一部分程度上是吸引顾客前来，将顾客的注意力牵引到所售的商品上来，刺激顾客的购买欲。如将商厦的照明做成公司标志的形状，食品店就做色泽诱人的烤鱼、苹果形状的照明，会招徕更多的顾客，刺激消费。

不同照明系统巧揽客

常规照明。这就是我们所说的纯粹照明或者装饰环境所用。如店铺门口以及室内的照明灯。这在根本上为行人或者顾客的夜行安全提供了保障。

建筑物照明。即兼具照明与建筑的特长，营造理想的环境和空间感。如在商厦的墙壁处安装照明设备，会让整面墙变得更加通透和宽敞。这就是为什么一些酒店在夜晚看起来灯火辉煌、宽敞气派的原因。这样无形中增加了建筑物的魅力，使人们更愿意来这样的地方消费。

重点照明。商家可以利用照明投射在某部分商品上面，使之看上去更有光泽、动感，富有诱惑力，顾客自然会投入更多的注意力。

特殊照明。比如在商厦顶上安装窄光束聚光灯，可以在地板上产生明显边缘的神奇光斑。这就是特殊照明，利用特效吸引眼球，帮助商厦提高销售额。还有一种是利用遮光聚光灯完成得特殊照明效果，如平面上的装饰性图片、广告材料等。

107 老板办公室，旺财好布局

老板办公室风水的好坏，对员工及整个公司都有很大影响。故其风水布局必须精心打造，不可等闲视之。

老板办公室宜大小适中

有的老板特别喜欢将办公室装潢得非常阔大，显得空空落落的，这样就难以聚气。所谓"宅大欺主"，办公室过大也会给老板气运带来阻碍和打击。当然，如果办公室太小，则会不通透，显得束手束脚，老板的智慧和谋略也难以施展。

老板办公室宜设公司后方

老板办公室宜独立设立。 有的比较新锐的公司，老板办公室采取的是开放式空间，这是不可取的。老板办公室最宜单独设立，以体现老板的威严和气运的凝聚性。

老板办公室宜设公司后方。 职位越高者越后面。根据这个原则，老板的办公室最

宜设在整个公司的后方，并且左右都有办公室作"护持"，体现"辅弼从主"的原则。这样便于老板对整个公司的掌控调度。

老板办公室设立不当影响决策。 倘若将老板的办公室设在整个公司的前方，或是办公大楼的入口处，则有可能员工越俎代庖，君劳臣逸，影响老板的决策，使整个公司的管理陷入混乱。

老板办公桌子宜坐落在吉方

以卦命吉向为依据。 老板办公桌宜参照卦命吉向。则吉向在西，办公桌也宜设在西边。吉向在东，办公桌也应设在东边。倘若桌向与卦命吉向不一致，则可能会给老板财运带来阻力。

以用神方位为依据。 若用神方位在南方，桌向也在南方，用神方向在北，则桌向宜设在北边。依此类推。老板桌向与用神方向保持一致时，则大吉，利财运。

老板办公室物品有讲究

写字台。 写字台最宜放在老板的生气、延年方位上。

装饰品。 沙发、挂画、书柜的摆设等，方位、色彩格调都宜参照老板的五行喜用。

花木。 花木绿植等是增加办公司生气的好办法，但不宜用干花假树。

*108 聚财法宝，勿忘公司饮水机

饮水机往往是许多办公室中最为常见的设施，而风水上与水有关的东西摆放在合适的位置，自然也会有助于提升运气，因此饮水机的摆放也不能随意。不仅要让人们方便取水喝水，也要考虑到让饮水机对于整个办公室环境的影响。

● 饮水机摆大门口冲财运

在许多办公室中，饮水机通常都摆放在大门口的位置，即开门可见饮水机。在这种情况下，大门开开合合，人们进进出出，无形中就给饮水机带入了很多细菌，影响了饮水机的水质纯净，无形中影响着人们的身体健康。而在风水上，饮水机的这种摆放位置则很容易冲击财运，令财运容易流失，无法保持。

● 饮水机摆财位提升运势

打开大门的对角线处一般比较安静，在格局上有回旋之地，不必那么局促。饮水机摆在这个方位饮水较容易，较之摆大门口的方式来说卫生很多。在风水上大门对角线处即是财位，水主财，将主财的饮水机摆放在财位上，更利于催动吉气，提升运势。

● 饮水机摆明堂位易得贵人助力

所谓明堂位，就是进门处的平移位置方向，在这个位置摆放饮水机，最大的优点是能及时泡茶招待来客，让来人感觉宾至如归，有助得到贵人助力，提升人脉，生意的往来也就增加了。

● 饮水机方位好恶，宜分男女

风水学认为，利于女性的方向最合宜的就是西南方了，倘若饮水机摆放在这个方向，有利女性财运旺盛。而男性提升财运的方向以东南为宜。倘若饮水机摆放在东方，则好坏交织，气运紊乱。